吃貨必備・老饕讚賞 全面了解日本美食的超美味指南

新品追加版

酒雄 著

日本點餐完全圖解

看懂菜單✕順利點餐✕正確吃法

おいしいです

在日本吃美食

　　世界經歷了前所未有的閉鎖狀態，相信已經把大家都悶壞了，各種偽旅行、一秒回日本的景點、餐廳因應而生，滿足了不少人的消費衝動。不過，那樣的時代已經過去，經過漫長 800 多天的等待，終於我們又可以自由地在世界各地旅行了。第一趟飛行，你想去哪裡？又想吃些什麼呢？

　　在被疫情封鎖的期間，跟很多人一樣，我開始在家做料理。更精準地說，是一種基於興趣的研究：用科學的角度，去了解每個料理步驟的意義。且因為太想念在日本吃到美味的香料咖哩，除了去上日本朋友發起的線上料理教室，也從食譜、YOUTUBE 上，學習各種香料咖哩的製作。我從完全不懂咖哩的製作，直到可以做出讓自己有信心的口味，且也走訪國內各處咖哩名店，了解其中的差異。疫情期間我曾針對親朋好友賣過冷凍咖哩包、每週推出不一樣的咖哩便當、結合咖啡店或精釀啤酒吧舉辦咖哩活動、或在自己的場地舉辦咖哩餐酒會等。

　　其中最大的收穫，除了廚藝進步到可以「以料理會友」之外，更能了解店家是否有堅持某些步驟，讓料理味道更豐富、具有層次，或只是潦草帶過，意思到就好。事實上我真的很鼓勵大家去了解料理過程中的各種科學意義，非常有助於理解更廣義的「美味」。不會只是單純被名氣、售價所蒙蔽，更能找到符合自己理念的食物。

　　在日本吃東西的好處，就是外食從來不馬虎。畢竟日本跟台灣不同，除了單身上班族別無選擇之外，大部分日本人是沒那麼常外食的。若以數據來看，日本人平均僅有 15% 左右的外食機會，雖然我查不到台灣的數據，但絕對是壓倒性的勝利。所以日本的外食產業，要提供的不是每日的溫飽，而是可以撫慰人心的餐飲體驗。這也難怪水準與品質，會平均性的高過於台灣了。所以來到日本，你可以很放心地把自己歸零，每種跟台灣看來一樣的食材、菜式，都可能跟在台灣吃到的有不一樣的呈現。雖不一定就能滿足你的口味，但只要吃過一次，就能了解箇中差異。收穫不僅只是美好回憶，更能幫助我們開拓心靈，從而更加認識自己。其實這也是我寫這本書的初衷：希望大家能多吃些不同的食物。

　　寫這篇序的現在，我已經有了三趟飛行，在日本總停留時間約有三個月，不免俗地把各種想念的食物類型，包含壽司、燒肉、拉麵、壽喜燒、大阪燒、義大利麵、串燒、漢堡排、炸豬排、咖哩等，都狠狠地吃過一輪，更新一下在台灣被限制的餐飲記憶，真的有滿滿的新收穫，當然也有失望的時候就是了。我非常確信，下次你的飛行，也會跟我做同樣的事情！祝福大家能在吃的境界更上一層樓，也歡迎到粉絲頁跟我互動、分享你的外食體驗哦！

酒雄

國境解封後的日旅注意事項

在台灣放寬對疫情的出入境限制後，很多人出國的第一選擇都是到日本。但別忘了疫情沒有消失，不管台灣或日本，在疫情之後的觀光旅遊政策都有一些變化。如果你以前已去日本玩過好幾次，而現在仍抱持著一樣「說走就走」的想法直衝日本，那可能會因為「一時大意沒有查」的結果，卡在某些出入關流程、或在日本當地發生一些問題。建議你花 3 分鐘快速看完以下重點，順便檢查一下是否自己都做好準備囉！

※防疫政策、出入境手續，可能依疫情變化而時常改變。以下資訊以概念性為主，實際最新狀況請隨時到相關網站查詢。

❗ 檢查護照是否已過期、快過期

大部份的國人因為疫情關係，至少有兩年多不曾出國，也許就在這兩年你的護照剛好要過期了，如果有出國計畫，第一步就是打開護照看一下「效期截止日期」，因現在換發護照的人潮眾多，至少提前兩週去辦理比較保險，並且記得順便辦快速通關喔！

※若要換發護照但沒時間排隊，也可找旅行社代辦，速度會更快。

※若之前沒有護照，第一次申辦的人，可就近到任一個戶政事務所，現在臨櫃有提供「一站式服務」，新辦護照也可以受理。

 外交部領事事務局

 戶政事務所辦理護照說明

❗ 確認已打滿三劑疫苗

新冠病毒仍然持續中，入境日本一定要打滿三劑疫苗（需符合 WHO 組織認可，目前高端疫苗仍不包含其中），並攜帶小黃卡或數位疫苗證明。若沒有打三劑符合認可的疫苗，則要提交 72 小時內 PCR 陰性證明。其實還不用到日本，在台灣的機場櫃台做登機報到時，地勤人員就會要求你先出示疫苗證明了，如果沒有提供證明，可能連飛機都上不去喔！

※數位疫苗接種證明要申請 SHC 格式，上面會分別記載三劑疫苗接種的時間和品牌，才符合日本審查的規範。

 數位疫苗證明線上申請

 外交部的前往日本須知

❗ 線上填寫 Visit Japan Web（VJW），加快入境日本

以前飛往日本，在機上都會發兩張紙本的單子，一張是入境卡（下飛機第一關檢查護照時要交）、一張是給海關用的（有無攜帶違禁品，拿行李出海關時要交）。現在日本已經採取線上化，連同疫苗審查手續都一起整合成「Visit Japan Web」，請務必提前幾天到此網站申請帳號並登錄完成，過程中需上傳護照、數位疫苗證明，及填寫一些旅程相關資料，加上還要等候審查，如果是到了日本下飛機才填寫會來不及喔！

※若未線上填寫 VJW，也仍然可以用以前的紙本單子流程（在機上跟空服員索取），但通關過程可能會耗時較久。

 Visit Japan Web

 VJW 的常見問題說明

❗ 出入境都儘早提前過安檢

不管從台灣出發、或從日本回台，建議都早點過安檢關卡，因為現在旅客爆增，機場人力不太足夠，安檢的關卡常大排長龍。如真的隊伍太長，而你已接近登機時間了，航班的空服員會在附近舉牌子（上面寫有班機號碼），只要舉手回應表明是該班機乘客，就可以帶你加速安檢通關。

※目前有些機場貴賓室、餐廳都是暫停營業狀態，過了安檢之後的吃飯、休息選擇可能沒那麼多，請自行留意。

❗ 如果需要防疫險、旅平險、不便險

目前有些海外旅平險雖有醫療救助，但會排除確診項目。而不便險也是一樣情形，請留意理賠範圍是否有包含：
1. 海外確診的醫療。
2. 因疫情而造成的行程延誤（如班機取消）是否有賠償。

 日本興亞保險

 美商安達保險

❗ 在日本上網更方便的 e-SIM 卡

很多人到日本要手機上網，會另外買專用的 SIM 卡，但缺點是要拔卡換卡很麻煩。現在較新的手機都有支援 e-SIM 卡功能，就是一個虛擬的數位 SIM 卡，只供日本上網專用（一樣有分幾天、吃到飽等方案），像遠傳、台哥大都有自己的日本上網 e-SIM 卡；而 KLook、KKday 等網站也有販賣其它品牌，即賣即用，算是很方便的選擇，可自行上網搜尋相關資訊。

※使用 e-SIM 卡時，請將手機國內號碼的漫遊功能關閉，以免誤用台灣號碼漫遊連網。

到日本的餐廳用餐時，要注意哪些事情？

一人一品是禮貌

日本餐廳基本上都沒有設定低消。話雖如此，每人還是都點一道品項會比較好，如果是吃丼飯、拉麵這種一人一份餐點的地方，基本上每個人都要點，但如果真的吃不下，可以在進店之前先問清楚，才不會造成店家的困擾。

到居酒屋，一定要點飲料

如果是居酒屋的話，進店之後點杯飲料是一種禮貌。不過如果是旅館的晚餐，或其他類型的餐廳，就沒有一定要點飲料了。如果不要飲料的話，店家通常會提供冷水或熱茶。

如趕不上預約，一定要打電話取消

不時有聽說，台灣客人打電話到餐廳預約，但最後沒有出現的不好例子。只要有預約，臨時有狀況需要改時間，或是取消訂位，一定要打電話跟店家說明原因，不然可是會給人壞印象的。

餐廳可以拍照嗎

雖然現在很多店家都歡迎客人拍照上傳，但比較不喜歡你拿單眼相機出來拍，因為你拿的太專業，他會以為你是記者，是來採訪。所以事先問一下店員，並說明自己只是喜歡拍照，照片只會放在自己的臉書，就可以避免掉一些尷尬情形。

不要一進門就拍照

台灣朋友真的很愛拍照，尤其是遇到裝潢特別的店家，總會有忍不住要到處拍照的衝動。但依照日本的服務流程，服務員會請大家先入座，然後上水、毛巾，這時候如果還散亂地在四處拍照，就變成服務員要一直等，顯得不太禮貌。且都還沒點餐就一直拍，店家也不知道你們會不會真的消費。另外，很多人走來走去拍照的行為，也可能影響其他客人，所以還是要先坐下點餐，再輪流去拍照會比較好。

避免造成店家的困擾的眉眉角角！

06 為什麼日本餐廳都給冰水

因為日本人普遍覺得拿常溫開水給客人不太禮貌，且雖然日本自來水可以生飲，但還是會有人嫌自來水聞起來有點味道，如果是冰水，就可以稍微解決這些問題。如果你不愛喝冰水，記得要請店家幫你去冰。

07 不要跟店家要熱水

其實日本人沒有喝溫開水或熱水的習慣，因此店家通常沒有準備熱水在店裡，如果真的要，他們通常需要用鍋子煮開水才能提供。且因為他們不了解為什麼需要熱水，所以通常會覺得很困惑。我建議如果不是必要情形，還是跟店家要熱茶或冷水就好了。

08 免費 Wi-Fi 跟插座 不一定能用

有些店家會標明有免費 Wi-Fi，但有可能是給該電信商的客戶使用的，一般的用餐客人不一定能用。而插座的話，如果要使用還是建議先詢問店家，不過就我所知，通常都是沒有免費提供插座的。

09 吃不完的餐點不可以外帶

日本絕大部分餐廳，都不能讓你因吃不完而外帶。因為日本餐飲店所需要的營業執照中，其實是分成「內用」跟「外帶」兩種不一樣的執照。也就是說，有提供內用的店，很有可能不持有外帶餐點的執照，就算他想讓你外帶，於法上也不允許。另外一點，就是如果你帶回家吃，發生了食物中毒現象，店家可是要負責的，所以他們通常會比較謹慎一點。

10 店家忙碌時不要分開付

如果是居酒屋之類，屬於大家一起吃，而非一人一份的店型，常常不提供分開結帳的方式。且如果店家很忙時，也希望結帳速度可以快一點。為了不造成店家的困擾，建議大家自己算好費用，派代表一起結帳，會比較省事。

本書使用說明

　　本書針對各類美食與型態，大致上可歸類出飲食簡史、有趣的食文化、入門必點的菜色、餐館菜單解析、常用會話、常見疑問以及店鋪情報等單元。無論是想要了解美食的來歷，記錄自己喜歡的食材，甚至是背幾句好用的日文句子，都可以幫助你更順利地體會桌上的美味！

這樣點餐不出錯

對於燒肉、壽司魚料不熟悉嗎？或許可以參考一下每章節列出「點餐不出錯」的品項哦！

炙燒比目魚鰭邊

ヒラメの炙りエンガワ
(HI RA ME NO A BU RI EN GA WA)

....

比目魚鰭邊有豐富的油脂，稍作炙燒，會散發濃郁香氣。

記錄自己喜歡的菜色、食材

每章節的菜單都會列出日文、中文及英文拼音，方便你看懂全日文的菜單，開口向店員點餐。另外針對較少見的食材，也可以參考酒雄寫的口感與品嘗心得哦！

牛タン
牛舌
GYU TAN

這是牛舌的總稱，還可分為舌根、舌中與舌尖的等部位。

ランプ／ランイチ
臀肉
RAN PU

肉質較為粗硬，屬於肉鮮味濃郁的部位，很適合做成牛排。

ウナギの蒲焼
蒲燒鰻魚
U NA GI NO KA BA YA KI

將魚身去骨後上串，並塗上以濃口醬油調製成的醬汁烤製而成的料理。屬照燒的一種。

骨付鳥
骨付烤雞
HO NE ZU KE DO RI

香川縣的 B 級美食，將帶骨雞腿以胡椒、蒜頭調味後烤成的料理。

　　如果是前往非連鎖的餐廳或小食堂，用日文溝通或許是較為便利的，也能讓整個用餐的過程更為順暢，避免不必要的誤會。

\speak! /
常用會話

如果比吃飯人數多一片或少一片都有點尷尬，所以還是要問清楚比較好！

這道菜有幾片？

これは何枚ぐらいありますか？

KO RE WA NAN MA I GU RA I A RI MA SU KA

用餐禮儀不出糗

　　享用生魚片有分順序嗎？生魚片旁的蘿蔔絲可不可以吃？關於用餐的眉眉角角，還是事先知道比較好哦！

\ Q & A /
常見疑問

 吃魚的時候，有什麼要注意的事？

A 日本人吃魚的時候，並不會幫魚翻身，而是把魚骨取下，放在盤子的上緣，跟大部分台灣人的習慣不一樣。至於為什麼不能幫魚翻身呢？有很多種說法。其中較常見的是說把魚翻身，會讓人聯想到翻船，不太吉利。

日本人吃魚的時候,不會幫魚翻身,這是格外要注意的地方哦！

Contents

Chapter 1

肉料理專門店

燒肉

牛排　篇

壽喜燒

關於和牛，你可能想知道……

　　我們常聽到的神戶牛、松阪牛，其實並非指牛的品種，而是指和牛的品牌。目前日本和牛有近百種品牌，絕大多數都是「黑毛和種」的牛，或稱「黑毛和牛」。這種牛的肉質有世界第一的美譽，纖維細緻，脂肪容易呈現霜降貌。農家把黑毛和種的牛帶到各地飼養，也有些地方會再經過品種改良。經一定天數的肥育，若符合各地品牌牛肉的基準，就可以冠上品牌名稱。

　　成為品牌牛肉起源的黑毛和種，若冠上地名就叫做「但馬牛」。而現在日本的黑毛和種幾乎都是但馬牛裡最有名的種牛「田尻號」的子孫，也可以說好吃的和牛都是一脈相承，頗有皇家血統純正的感覺。像是松阪牛或近江牛，就是直接拿但馬牛作為「素牛」，帶到該區域內肥育成為品牌牛。而前澤牛、仙台牛、飛驒牛等，都有跟但馬牛配種改良，但馬牛因此有「和牛之祖」之美名。

▸▸ 素牛通常指生後 6 至 12 個月，未經肥育的小牛。

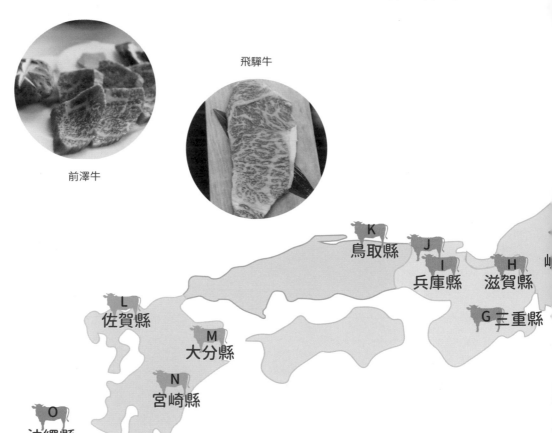

飛驒牛

前澤牛

K 鳥取縣

J
I 兵庫縣　滋賀縣 H
　　　　　　　　　　山

L 佐賀縣

G 三重縣

M 大分縣

N 宮崎縣

O 沖繩縣

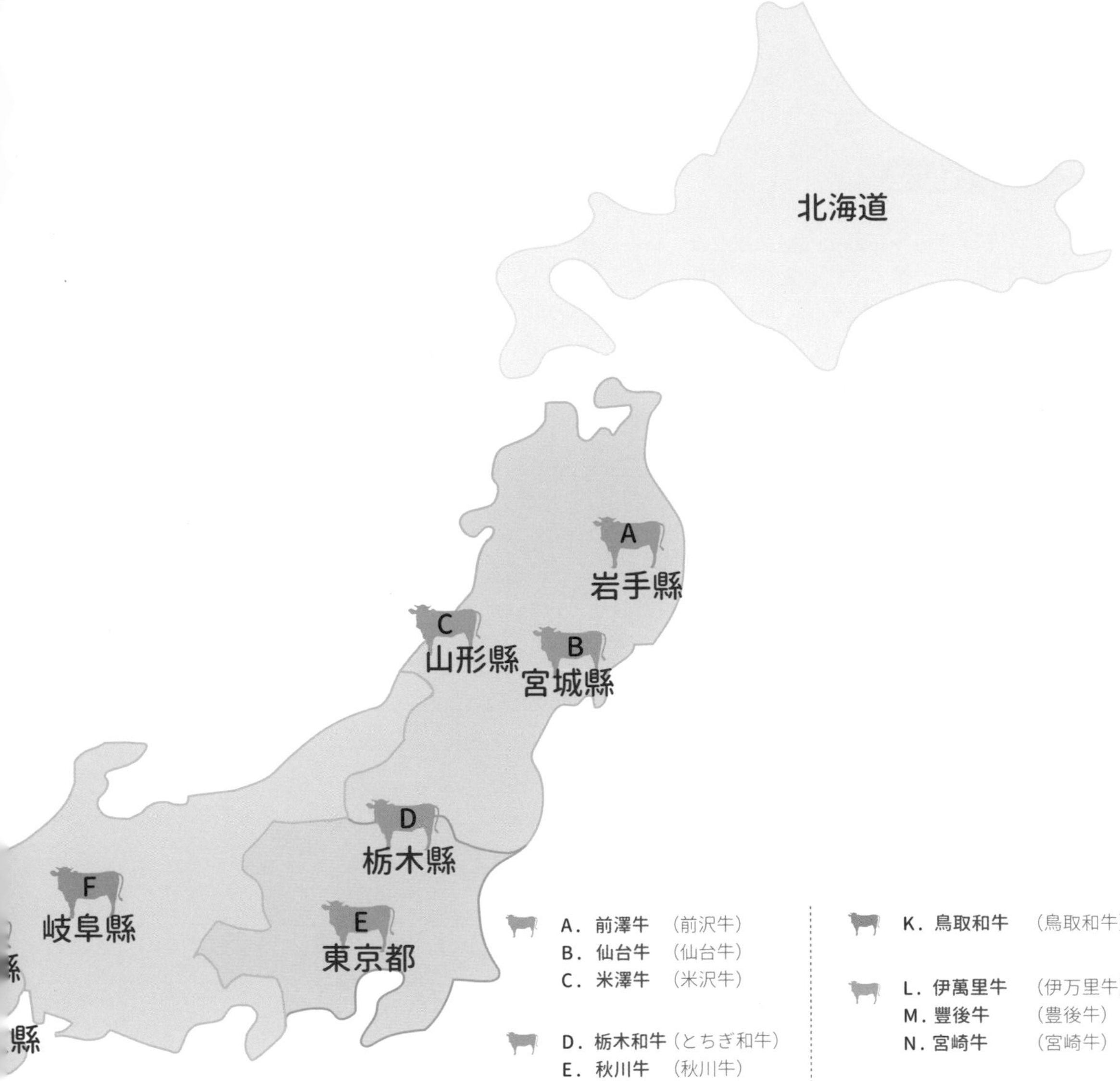

北海道

A
岩手縣

C
山形縣

B
宮城縣

D
栃木縣

F
岐阜縣

E
東京都

系縣

縣

A．前澤牛 （前沢牛）
B．仙台牛 （仙台牛）
C．米澤牛 （米沢牛）

D．栃木和牛 （とちぎ和牛）
E．秋川牛 （秋川牛）

F．飛騨牛 （飛騨牛）

G．松阪牛 （松阪牛）
H．近江牛 （近江牛）
I．神戸牛 （神戸ビーフ）
J．但馬牛 （但馬牛）

K．鳥取和牛 （鳥取和牛）

L．伊萬里牛 （伊万里牛）
M．豊後牛 （豊後牛）
N．宮崎牛 （宮崎牛）

O．石垣牛 （石垣牛）

　　牛或豬等家畜取出內臟並放血後，稱為屠體，如果要分肉的等級，通常都是從屠體來評定。而日本牛的解體，大致上會先大分成四大塊，分別是前段（マエ／MA E）、里肌（ロイン／RO IN）、牛腹（トモバラ／TO MO BA RA）、腿肉（モモ／MO MO）等，再進一步分割成更小的單位。

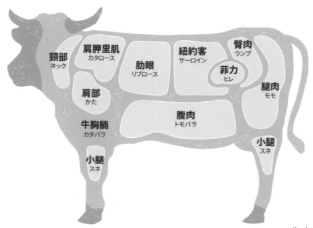

牛肉一般部位

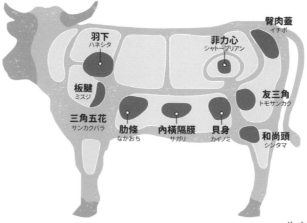

牛肉稀少部位

和牛的分級

說到吃和牛，你或許有聽說過 A5、B4 之類的肉品等級區分，這可不是你想這樣命名就可以的，必須透過評定與認證才行。「日本食肉格付協會」依據「牛枝肉取引規格」進行所有和牛的評定，以 A 到 C 來評等牛隻的「步留等級」（A 為最高級），然後再以 5 到 1 來評等肉質（5 為最高級）。這個評定會以第六至第七根肋骨處切下的牛肉斷面來進行。步留等級根據肋眼心的面積、腹肉的重量、皮下脂肪的厚度，以及屠體重量等四個項目評定。而肉質等級則會以脂肪交雜程度、色澤、肉的緊實度，和脂肪品質等四個項目判斷。

雖然評定上是以 A5 為最高等級，但是不是 A5 就一定最好吃，最合你的口味。畢竟有人愛油脂、也有人愛瘦肉，其實沒有百分百的標準。

有時在壽司店也可以吃到和牛壽司。

乾式熟成肉的魅力

最近各處的燒肉店都在爭相推出熟成肉，商品名稱會冠上「熟成」或是「ドライエイジング」（Dry Aging）。作法上就是把屠體或肉塊放入熟成冰箱中，溫度設定在 0 到 4 度，然後進行兩週至三個月的熟成。溫度太高會造成腐敗，太低則會讓肉凍傷，一定要在剛剛好的環境下熟成才行。

在熟成的過程中，肉的纖維會慢慢崩解，轉化為胺基酸，這就是熟成肉的美味來源。熟成期間牛肉重量會自然減少，且要上桌之前還需要重新經過修整，加上熟成期間所需要的電費等成本，可想而知熟成肉的價位當然是價格不斐，不過這當然不是阻止老饕的理由囉！

享用神戶牛鐵板燒。

燒肉

燒肉 やきにく（YA KI NI KU）

日本燒肉史

日本燒肉的起源眾說紛紜，其實目前也無定論，但目前最有力的說法，可能是著有《燒肉文化史》（燒肉の文化史）的食文化研究家，佐佐木道雄所提出的看法。一九三〇年代，由住在日本的韓國人帶入韓式燒烤跟銅盤烤肉，此時很多韓國料理食堂慢慢轉型成為燒肉食堂。當時日本也很流行吃蒙古烤肉（ジンギスカン／JIN GI SU KAN），韓式燒烤因此融合了蒙古烤肉「讓客人自己烤」的方式。佐佐木道雄認為，這就是「日式燒肉」的起源。而「燒肉」這個詞的使用，則是跟一九六五年日本與南韓建交有關。當時從北韓來的人所開料理店招牌，大致上都標示為「朝鮮料理」、「朝鮮燒肉」，但因為日本跟南韓建交，所以為了不要扯上這個政治因素，大家紛紛改名為「燒肉」，而後就一直沿用了。

燒肉店的主力商品

日本的燒肉店近來流行附上部位說明，看起來相當有氣勢。

燒肉店的主力商品之一，通常是「カルビ」（KA RU BI），店家會選用帶有豐富油脂，可以同時享受油脂的鮮甜以及多汁肉質的燒肉片。烤得恰到好處的「カルビ」，光是香氣就讓人著迷，不管配飯或下酒，都是一等一的選擇。但你知道它其實並不是指一個特定的部位嗎？這個字最早來自韓文，原是指「肋骨」的意思，也就是肋骨附近的肉。不過在日本燒肉店菜單上的「カルビ」其實只是好肉片的代詞，不一定來自牛肉的腹部。一般來說，「カルビ」可能來自腹肉、肩胛里肌、肋眼、牛肋間肉等等部位，因此每家店的「カルビ」口味略有不同，建議可以多多嘗試。傳統上會分等級推出，如カルビ、上カルビ、極上カルビ等等。

　　燒肉店的另一個主力商品，就是「ロース」（RO SU），這通常是指肋眼、沙朗、菲力之類的部位。這些部位的油花分布均勻，除了享受油脂美味之外，也能吃到瘦肉的風味。也會分等級推出，如「上ロース」等等。

　　過往燒肉店推出的商品比較單純，並沒有清楚的說明肉取自哪個部位，但就是提供等級相應的肉品。隨著燒肉文化的發達，越來越多店家投入燒肉商品的研究開發，也有不少店家會直接買一整頭牛自己處理。為了提高整頭牛的利用率，現在的燒肉店菜單上，已經可以看到更多小分割牛肉部位的菜名。簡單說，燒肉店的商品已經趨向多元化，且能看到高級化的趨勢。如果很久沒去日本燒肉店，看到現在琳瑯滿目的菜單選擇，真的很難挑選，畢竟有的店家菜單甚至會超過一百種的品項啊！

1. 左上方為三角五花,右下方為牛肋間肉。
2. 左方為上等牛五花,右方為上等紐約客。
3. 上方為宮崎牛肋眼,左下為臀肉蓋,下為外橫膈膜。

```
    2
1 ──
    3
```

01 無骨牛小排、牛五花

カルビ（KA RU BI）

堪稱燒肉的王道！不知道吃什麼的時候,先點個カルビ試試店家手藝準沒錯。

02 三角五花、上等牛五花

サンカクバラ（SAN KA KU BA RA）

位於第一到第六根肋骨中間的肉,因切下來時會是三角形而得名。是五花肉中最高等級的部位,在很多店裡被當成「極上カルビ」來販售。常帶有豐富油脂,呈現非常美的霜降。

03 肋眼、肋眼牛排

リブロース（RI BU RO SU）

肋骨上方的肉,位於肩胛跟紐約客中間。面積大,且容易含有豐富油脂,容易呈現霜降狀態。燒肉店中除了當成カルビ、也可能以牛排的形式上桌。

04 臀肉蓋

イチボ（I CHI BO）

能同時嘗到油脂甜味與瘦肉鮮味的稀有部位,是老饕最愛的部位之一。

05 舌根

タンモト／タンカルビ
(TAN MO TO ／ TAN KA RU BI)

帶有豐富的油脂,吃起來軟嫩、富有鮮味。是牛舌中最美味的部位。

1 | 2

1. 前方為大腸，後方為毛肚。
2. 涼拌小菜。

06 外橫膈膜

ハラミ (HA RA MI)

橫膈膜靠近背部的稀有部位，在分類上屬於內臟，不過吃起來跟肉沒兩樣。帶有適度的油脂，口感軟嫩。

07 大腸

シマチョウ／ホルモン
(SI MA CHO ／ HO RU MON)

牛大腸外觀呈條紋狀，故有シマ（條紋）之稱。帶有豐富油脂、肉身厚實偏硬。

08 牛肚、瘤胃

ミノ (MI NO)

牛的第一胃，也是最大的胃。鮮味豐富，是人氣很高的部位。

09 牛心

ハツ (HA TSU)

富有豐富的彈性，油脂較少。

10 涼拌小菜

ナムル (NA MU RU)

常為木耳、豆芽菜、菠菜等

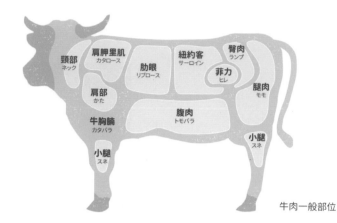

牛肉一般部位

肩胛里肌 カタロース
頸部 ネック
紐約客 サーロイン
肋眼 リブロース
臀肉 ランプ
菲力 ヒレ
肩部 かた
腿肉 モモ
牛胸腩 カタバラ
腹肉 トモバラ
小腿 スネ
小腿 スネ

カルビ
無骨牛小排、牛五花
KA RU BI

堪稱燒肉的王道，不知道吃什麼的時候，先點個カルビ試試店家手藝準沒錯。

切り落とし（きりおとし）
肉角
KI RI O TO SHI

無法切成整片或整塊的肉，通常會以較低的價格提供。雖然形狀不好看，但味道是一樣好的。

トモバラ
牛腹
TO MO BA RA

牛腹可以分成上面的中腹（ナカバラ）跟下方的後腹（ソトバラ）。常作為カルビ販售。

ナカバラ
中腹、上等牛五花
NA KA BA RA

肋骨底下的肉，瘦肉跟油脂會分層存在，類似豬肉的三層肉。也常常是作為カルビ的部位。

壺漬
壺醃牛五花
TSU BO ZU KE KA RU BI

把整條的カルビ醃漬在一個罐子中，然後邊烤邊用剪刀剪成入口大小的料理。通常會用店家的獨門醬料來醃，可以吃到店家手藝的一道菜。

カイノミ／貝の身
貝身、腰脊心
KA I NO MI

中腹最接近腰脊的稀有部位，切開的肉片形狀有點像貝類，故有貝身之名。呈現很漂亮的霜降，可以吃到油脂的鮮甜，有非常豐富的肉汁。

ゲタカルビ／中落ち
牛肋間肉、牛肋條
GE TA KA RU BI ／ NA KA O CHI

位於肋骨與肋骨縫隙的肉，切下來之後形狀類似木屐，故有「木屐五花」的說法。口感嫩，帶有豐富的油脂，又能吃到骨邊濃郁的牛肉鮮味。

インサイドスカート
內裙
IN SA I DO SU KA TO

靠近橫膈膜的部位，口感類似外橫膈膜。牛肉鮮味特別濃郁。

ソトバラ
後腹
SO TO BA RA

比起中腹來說，含有更多瘦肉，帶有豐富的油花，也常常是作為カルビ的部位。

燒肉店牛肉類菜單
MENU

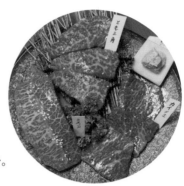

左方為友三角,中間為板腱,右方為貝身。

ブリスケ／マエバラ／カタバラ
牛胸腩
BU RI SU KE ／ MA E BA RA ／ KA TA BA RA

這部位口感稍硬,等級高的和牛,會帶有適當的油脂,吃起來鮮味濃郁。最適合用來做燉煮的料理。

牛ササミ／ササバラ
牛腹脅肉
GYU SA SA MI ／ SA SA BA RA

肉質細緻,口感軟嫩,瘦肉跟油脂的比例相當均勻。

カタ
肩胛肉
KA TA

是油脂含量少的瘦肉,口感偏硬,牛肉鮮味豐富。

カタロース／クラシタ
肩胛里肌、鞍下
KA TA RO SU ／ KU RA SHI TA

關西稱為鞍下,這是因為如果在牛身上放鞍的話,這部位剛好會在鞍的下方。

サンカクバラ
三角五花、上等牛五花
SAN KA KU BA RA

位於第一到第六根肋骨中間的肉,因切下來時會是三角形而得名。是五花肉中最高等級的部位,在很多店裡被當成「極上カルビ」來販售。常常會帶有豐富油脂,呈現非常美的霜降。

ハネシタ／ザブトン
羽下
HA NE SHI TA ／ ZA BU TON

肩胛里肌中比較靠近肋骨的位置,也就是鞍下的下方。

トウガラシ
辣椒肉
TO GA RA SHI

從肩連接到腕部的稀有部位,形狀如辣椒。肉質嫩,帶有一些油花,鮮味濃郁卻很清爽。這部位也很適合用來做生牛肉。

ミスジ
板腱、嫩肩里肌
MI SU JI

位於肩胛骨內側,數量非常稀少,常被說成是夢幻肉。雖是瘦肉,但仍含有少量而漂亮的油花,吃起來清爽卻帶有濃郁的牛肉鮮味。

リブロース
肋眼、肋眼牛排
RI BU RO SU

肋骨上方的肉,位於肩胛跟紐約客中間。面積大,且容易含有豐富油脂,容易呈現霜降狀態。燒肉店中除了當成カルビ、也可能以牛排的形式上桌。

ヒレ
菲力、腰脊
HI RE

軟嫩並帶有較少油脂的稀有部位,特別受到女性喜愛。

MENU

リブマキ／リブロースかぶり
肋眼上蓋、老饕牛肉
RI BU MA KI ／ RI BU RO SU KA BU RI

包覆肋眼心四周的稀有部位，口感軟嫩，帶有油脂的瘦肉。

リブ芯
肋眼心
RI BU SHIN

位於肋眼正中間，油脂與瘦肉比最均勻的稀有部位，牛鮮味濃郁，口感也是肋眼之中最嫩的。

サーロイン
紐約客
SA RO IN

位於背部後端，較為運動不到的區域，所以通常帶有豐富的油脂。若是高等級和牛的話，會呈現很美的霜降。口感軟嫩，經加熱融出的油脂十分鮮甜，是很受歡迎的部位。

シャトーブリアン
夏多布里昂、菲力心
SHA TO BU RI AN

法國文學家、政治家夏多布里昂特別熱愛這部位的牛排，故得名。位於菲力的中心，脂肪只有一般牛肌肉的一半，以嫩度來說是數一數二的部位，可以享受瘦肉的鮮味。

ランプ／ランイチ
臀肉
RAN PU

肉質較為粗硬，屬於肉鮮味濃郁的部位，很適合做成牛排。

ラムシン
臀肉心
RA MU SHIN

位於臀肉與臀肉蓋中心的稀有部位，屬於瘦肉帶有適量的油花，口感軟嫩。

イチボ
臀肉蓋
I CHI BO

能同時嘗到油脂甜味與瘦肉鮮味的稀有部位，是老饕最愛的部位之一。

ウチモモ／ウチヒラ
內側後腿肉
U CHI MO MO ／ U CHI HI RA

牛肉中瘦肉比例最高的部位，不喜肥肉的人可以考慮。

シンタマ／マルモモ
和尚頭
SHIN TA MA ／ MA RU MO MO

瘦肉帶有適度的油脂，口感嫩的部位。

シンシン／マルシン
和尚頭心
SHIN SHIN ／ MA RU SHIN

和尚頭內側的部位，肉質更為細緻。

トモサンカク／ヒウチ
友三角、腿三角
TO MO SAN KA KU ／ HI U CHI

腿肉中帶有較多油花的稀有部位。牛肉鮮味十分濃郁，口感鮮嫩。

カメノコ
龜甲、後腿肉下側
KA ME NO KO

形狀像龜甲而得名。是以瘦肉為主的部位。

ソトモモ
外側後腿肉
SO TO MO MO

外側腿肉比內側略硬，肉質也比較粗。

マクラ
前腿肉眼
MA KU RA

外側後腿肉中，肉味最為濃郁的部位。

センボン
千本筋、牛腱
SEN BON

此稀有部位帶有很多筋，故有千筋之名。經處理之後，可以享受牛肉鮮味以及筋的嚼勁。

燒肉店牛肉類菜單
MENU

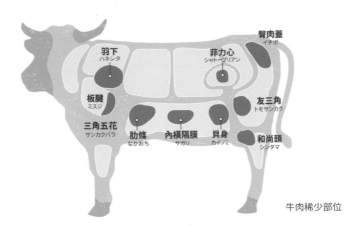

| 羽下 | 菲力心 | 臀肉蓋 |
| ハネシタ | シャトーブリアン | イチボ |

板腱
ミスジ

友三角
トモサンカク

三角五花
サンカクバラ

肋條
なかおち

內橫隔膜
サガリ

貝身
カイノミ

和尚頭
シンタマ

牛肉稀少部位

牛タン
牛舌
GYU TAN

這是牛舌的總稱，還可分為舌根、舌中與舌尖的等部位。

サガリ
內橫膈膜
SA GA RI

橫膈膜靠近腹部的稀有部位，油脂較外橫膈膜少，中間會有一條筋。

タンモト／タンカルビ
舌根
TAN MO TO ／ TAN KA RU BI

舌根部分帶有豐富的油脂，吃起來軟嫩、富有鮮味。是牛舌中最美味的部位。

タンナカ
舌中
TAN NA KA

牛舌中段屬於瘦肉跟油脂比較平均的區域，比舌根更帶有一些嚼勁。

タン先（タンさき）
舌尖
TAN SA KI

幾乎全為瘦肉的部位，脆脆的口感，是老饕的最愛。

ハラミ
外橫膈膜
HA RA MI

橫膈膜靠近背部的稀有部位，在分類上屬於內臟，不過吃起來跟肉沒兩樣。帶有適度的油脂，口感軟嫩。

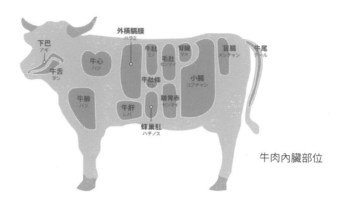

牛肉內臟部位

シマチョウ／ホルモン／テッチャン
大腸
SHI MA CHI ／ HO RU MON ／ TE CHAN

牛大腸外觀呈條紋狀，故有「條紋」（シマ）之稱。帶有豐富油脂、肉身厚實偏硬。

コプチャン／ホソ
小腸
KO BU CHAN ／ HO SO

帶有豐富油脂、肉身較大腸薄。

マルチョウ
丸腸
MA RU CHO

將帶有油脂的小腸翻過來，切成圓形的時候，稱為丸腸。帶有豐富油脂。

てっぽう
直腸
TE POU

因開放的形狀類似鐵炮而得名。肉質軟嫩帶有豐富油脂。

メンチャン
盲腸
MEN CHAN

肉厚富有彈性，咬起來脆脆的稀有部位。

ミノサンド／上ミノ
上等牛肚
MI NO SAN DO ／ JO MI NO

牛肚中較厚、帶有油脂的部分，比起一般牛肚更有豐富的鮮味。

ハチノス
蜂巢肚
HA CHI NO SU

牛的第二胃，富有嚼勁，其特殊風味深受大眾喜好。

センマイ
毛肚、重瓣胃
SEN MAI

牛的第三胃，脆脆的口感，沒有內臟特有的腥味。熱量低，也有不少支持者。

ミノ
牛肚、瘤胃
MI NO

牛的第一胃，也是最大的胃。鮮味豐富，是人氣很高的部位。

ギアラ／赤センマイ
皺胃
GI A RA ／ A KA SEN MA I

牛的第四胃，產量稀少，將多餘油脂烤掉之後，可品嘗濃郁鮮味。

ヤン／牛あわび
牛鮑魚、牛肚條
YAN ／ GYU A WA BI

連接第二胃及第三胃的部位，吃起來有點像貝類的口感，脆脆的很有嚼勁，且越嚼越有甜味，很適合下酒。

燒肉店內臟類菜單
MENU

ハツ
牛心
HA TSU

富有豐富的彈性，油脂較少。

チレー
脾臟
CHI RE

非常少見的部位，口感類似牛肝，沒有內臟特有的味道，是相當美味的部位。

レバー
牛肝
RE BA

口感綿密的部位，通常會搭配麻油鹽使用。

ホホ／ツラミ
頰肉
HO HO ／ TSU RA MI

帶有適量油脂，很有嚼勁，非常美味的稀有部位。

アギ／あご
下巴
A GI ／ A GO

比頰肉還要更帶有口感的部位。

テール
牛尾
TE RU

上桌時常常是帶骨狀態，也有店家會去骨。牛肉鮮味濃郁，帶點筋跟膠質。

シビレ／リードボー
胸腺／小牛胸腺
SHI BI RE ／ RI DO BO

從成牛取出的叫做「シビレ」，而從小牛取出的則叫做「リードボー」。牛肉鮮味濃郁，並帶有適度油脂的部位。吃起來帶點奶香，口感類似魚的白子。

マメー
腎臟
MA ME

牛腎像是葡萄般呈現房狀，少油脂富含營養，比牛肝口感再硬一些。

コリコリ／タケノコ／タケ
牛心管
KO RI KO RI ／ TA KE NO KO ／ TA KE

心臟動脈的部位，口感較硬且脆。

フウ
肺
HU

口感大約是牛心跟牛肝中間，味道比較清淡。

チチカブ／おっぱい
乳房
CHI CHI KA BU ／ O PAI

非常少見的部位。帶有乳香，富有嚼勁。

コブクロ
子宮
KO BU KU RO

燒肉店有可能會出豬的子宮。口感脆，沒什麼腥味。

ウルテ
氣管軟骨
U RU TE

帶有脆脆的口感，本身比較沒味道，會搭配醬料使用。

アキレス
阿基里斯腱
A KI RE SU

大部分是做成燉煮料理，在少部分燒肉店也能看到。富含膠質，很受女性客人歡迎。

豚バラ（ぶたバラ）
豬五花
BU TA BA RA

トントロ／ピートロ
松阪豬
TON TO RO ／ PI TO RO

豬頸部的肉。

ラムカルビ
羊五花
RA MU KA RU BI

サムギョプサル
豬三層肉
SA MU GYO PU SA RU

韓國燒肉的吃法，會是整條三層肉上桌，邊烤邊剪來吃。

オーギョプサル
五層肉
O GYO PU SA RU

三層肉帶皮以及肥肉的稱呼方式。

キムチ
泡菜
KI MU CHI

常為蘿蔔、白菜、小黃瓜等。

ナムル
涼拌小菜
NA MU RU

常為木耳、豆芽菜、菠菜等。

サラダ
沙拉
SA RA DA

やみつきキャベツ
高麗菜生菜
YA MI TSU KI KYA BE TSU

ビビンバ
石鍋拌飯
BI BIN BA

燒肉店也有蔬菜可以烤來吃喔！

焼肉店其他餐點菜單

MENU

サンチュ
生菜(包肉用)
SAN CHU

ワカメスープ
海帶芽湯
WA KA ME SU PU

テールスープ
牛尾湯
TE RU SU PU

クッパ
韓式湯泡飯
KU PA

ユッケ
生牛肉
YU KE

冷麺
冷麺
LEI MEN

チゲ鍋
韓式小火鍋
CHI GE NA BE

チヂミ
韓式海鮮煎餅
CHI JI MI

野菜スープ
蔬菜湯
YA SA I SU PU

おいしいです

燒肉店常用會話 ～～～～～～～～～～～～～

如果比吃飯人數多一片或少一片都有點尷尬，所以還是要問清楚比較好！

這道菜有幾片？

これは何枚ぐらいありますか？

KO RE WA NAN MA I GU RA I A RI MA SU KA

如果點比較貴的肉品，怕自己烤會失敗，可以問看看店家能否幫忙烤。

可以幫我烤嗎？

焼いてもらえますか

YA I TE MO RA E MA SU KA

請給我烤肉用的夾子。

トングをください

TON GU O KU DA SA I

請幫我換網子。

網を替えてください

A MI O KA E TE KU DA SA I

燒肉店常見疑問

Q 不吃牛的人，
能不能去燒肉店？

 基本上燒肉店是一定會以牛肉為主的，特別是那種很傳統的燒肉店。但也不是全部菜單都是牛肉，很多燒肉店也會有豬肉、雞肉跟海鮮的商品，但品項通常不多。有時燒肉店品項還會結合在地物產，會有馬肉、鹿肉、伊比利豬、阿古豬、羊肉等等。所以就算是不吃牛肉的人，只要找一下，應該也是能找到有牛肉以外品項的燒肉店的，記得去之前要先上網查一下菜單哦！

牛排

Steak ステーキ（SU TE KI）

　　跟燒肉並列為肉控的兩大心靈支柱，如果想要在比較有氣氛的地方吃肉，或不想在烏煙瘴氣的燒肉店（日本燒肉店常常沒有禁煙），那牛排館肯定是最好的選擇！

牛排館餐點類型

　　牛排館的菜單上，通常都會在前面標註其所選用的牛肉產地，然後是部位，最後是副餐。例如：「特選神戶ビーフフィレステーキシーフード」（特選神戶牛菲力牛排海鮮）。分為套餐或單點，套餐通常會附上沙拉、湯、麵包、甜點等等，單點型的則會只有牛排主餐。

高級和牛的紐約客牛排有著豐富肉汁，非常美味！

牛排館常見用語

黒毛和牛
黑毛和牛
KU RO GE WA GYU

和牛是指特定品種的牛，特色是肉質特別好。而黑毛短角品種和牛，又是各品種之中最好的。

国産牛
國產牛
KU SAN GYU

只要是日本國產的牛肉，就可以標明為國產牛。

アンガスビーフ
安格斯牛
AN GA SU BI HU

アメリカン・ビーフ
美國牛
A ME RI KAN BI HU

美國產的牛肉

オーストラリア牛／オージー・ビーフ
澳洲牛
O SU TO RA RI A GYU ／
O JI BI HU

澳洲產的牛肉。

プライム
PRIME 等級
PU RA I MU

美國牛的分級，PRIME 為最高級。

チョイス
CHOICE 等級
CHO I SU

美國牛的分級，CHOICE 為次高級。

$1 \begin{array}{|c} 2 \\ \hline 3 \end{array}$

1. 菲力牛排
2. 紐約客牛排
3. 骰子牛排

主餐

テンダーロイン／
フィレステーキ
菲力牛排
TEN DA SA RO IN ／ FI RE SU TE KI

相對較少的油脂，可以吃到瘦肉鮮味，口感柔嫩。

リブロースステーキ
リブアイステーキ
肋眼牛排
RI BU RO SU ／ RI BU A I SU TE KI

油脂與瘦肉比例適中，可以吃到很豐富的牛肉鮮味。

ミスジステーキ
板腱牛排
MI SU JI SU TE KI

肩胛肉中擁有最漂亮油花的部位。

サーロインステーキ
ニューヨークステーキ
沙朗牛排、紐約客牛排
SA RO IN SU TE KI ／ NYU YO KU SU TE KI

擁有漂亮霜降油花，特別香甜，肉汁豐富的部位。

Ｔボーンステーキ
丁骨牛排
TI BON SU TE KI

含有一片肋眼及一片菲力的帶骨牛排。

トマホークステーキ
戰斧牛排
TO MA HO KU SU TE KI

帶骨的肋眼牛排。

サイコロステーキ
骰子牛排
SA I KO RO SU TE KI

切成方塊狀的牛排。

フラップステーキ
腹肉心牛排
HU RA PU SU TE KI

等於日本燒肉說的貝身部位，有著恰到好處的油脂。

ランプステーキ
臀肉牛排
RAN PU SU TE KI

瘦肉為主的部位，可以充分享受瘦肉的鮮味。

ハンバーグステーキ
漢堡排
HAN BA GU SU TE KI

牛絞肉做成牛排的形狀，肥瘦肉比會是左右口味的關鍵。各家口味不一，品嘗其中不同也是一種樂趣。

牛排館菜單
MENU

1 | 2

1. 漢堡排
2. 臀肉牛排

附餐

ずわい蟹のクラブケーキ
松葉蟹堡
ZU WA I GA NI NO KU RA BU KE KI

フィッシュ&チップス
炸魚與薯片
FI SYU AN DO CHI PU SU

帆立貝の香草バター焼き
奶油煎干貝
HO TA TE GA I NO KO SO BA TA YA KI

シーフード
海鮮
SHI HU DO

非牛肉的選擇。

ビーフのカツレツ
炸牛排
BI HU NO KA TSU RE TSU

是指裏麵包粉油炸的料理。

車海老のフライ
炸明蝦
KU RU MA E BI NO HU RA I

ロブスターのグリル
火烤龍蝦
RO BU SU TA NO GU RI RU

スペアリブ
肋排
SU PE A RI BU

キングサーモンのグリル
火烤鮭魚
KIN GU SA MON NO GU RI RU

ラムのグリル
火烤小羔羊
RA MU NO GU RI RU

コーンクリームスープ
奶油玉米湯
KON KU RI MU SU PU

牛排館常用會話 ～～～～～～～～～～～～～～～～～～～～

最常用的就是表達自己想要的熟度。

請問熟度？

焼き具合はどうしましょうか

YA KI GU A I WA DO SHI MA SYO KA

我要一分熟。

レア にしてください

RE A NI SHI TE KU DA SA I

太生了，可以幫我重烤嗎？

生すぎなので、焼き直してもらえますか

NA MA SU GI NA NO DE, YA KI NA O SHI TE MO RA E MA SU KA

可代換上方底線處的熟度。

3 分熟

ミディアム・レア

MI DI A MU RE A

5 分熟

ミディアム

MI DI A MU

7 分熟

ミディアムウェル

MI DI A MU WE RU

9 分熟

ウェルダン

WE RU DAN

壽喜燒

鋤焼き　すきやき（SU KI YA KI）

現代的壽喜燒演變成一種鍋物料理，除了部分老店之外，很多都會兼賣しゃぶしゃぶ（日式涮涮鍋）。除了二至四人用的鍋之外，也有個人鍋的店。日本家庭也會買牛肉回家，自己在家中煮壽喜燒來吃。在吃法上，煎煮好的肉片，通常都會沾蛋汁來吃，除了可以稀釋醬汁的鹹味之外，也能讓肉片降溫，更好入口。

日本壽喜燒史

壽喜燒的起源有很多種說法，大致上是由三種料理變化而來。西元一八〇四年的《料理談和集》中，就有提到當時的人會把鋤頭的鐵片當成鐵板，火烤雞肉來吃，也就是所謂的「鋤燒」。在那時候，日本人其實還沒有食用牛肉的習慣。後來另一種稱為「牛鍋」的料理，是把牛肉切成塊狀，加上味噌，以圓形淺鍋煎熟。西元一八六二年，東京開了第一間牛鍋屋「伊勢熊」，形成牛鍋店的市場，也發展出醬油的口味。當時還沒有冰箱設備，所以牛肉又硬又常有濃厚的腥味，薄片牛肉也是因此而生，就更接近現在的壽喜燒。

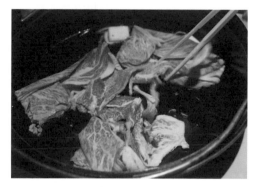

壽喜燒以往是先煎牛肉才加入蔬菜。

演變成加上醬汁的鍋物料理。

而關西地區在江戶時代以前也有種稱做「すきやき」的料理，發音跟壽喜燒相同，是用鐵板煎魚肉來吃，後來才演變成用牛肉。但它並不像現代壽喜燒會加入醬汁下去煮。後來這道料理傳到關東，就開始加入醬汁，逐漸變成一種鍋物料理。

常見的壽喜燒配料

壽喜燒醬汁
割下（わりした）
WA RI SHI TA

冬粉
春雨（はるさめ）
HA RU SA ME

紐約客
サーロイン
SA RO IN

味噌湯
みそ汁（しる）
MI SO SHI RU

蒟蒻絲
白滝（しらたき）
SHI RA TA KI

山茼蒿
春菊（しゅんぎく）
SHUN GI KU

肋眼
リブロース
RI BU RO SU

豆腐
豆腐（とうふ）
TO HU

腐皮
湯葉（ゆば）
YU BA

醬菜
新香（しんこう）
SHIN KO

蔥
ネギ
NE GI

里肌肉
ロース
RO SU

白飯
御飯（ごはん）
GO HAN

其他肉類料理

ジンギスカン
成吉思汗烤羊肉
JIN GI SU KAN

使用專屬鍋子製作的烤羊肉料理，還
會加入蔬菜。發源於北海道，深受在
地人的喜愛。

しゃぶしゃぶ
日式涮涮鍋
SHA BU SHA BU

プルコギ
韓式銅盤燒肉
PU RU KO GI

バーベキュー
BBQ 烤肉
BA BE KYU

鉄板焼き
鐵板燒
TE PAN YA KI

前沢牛舍 伏見屋｜愛知

名古屋唯一能吃到東日本最棒的和牛之一「前澤牛」，因為店家是肉舖直營的，所以牛都是進整頭，可以品嘗各種稀有部位。那油脂好吃的程度，可能超越以往吃過的其他和牛啊！本來要到岩手鄉下才能吃到的絕品美味，在交通方便的名古屋就能嘗到，真的很感恩！

店名｜前沢牛舍 伏見屋　**地址**｜愛知県名古屋市中区栄 2-2-23 アーク白川公園ビルディング 1F　**電話**｜052-204-6077　**營業時間**｜17:00-23:00　**公休日**｜週日、週一

神戸 BAR 仲々｜沖繩

老闆來自神戶牛排鐵板燒名店，所以店內也有合理價位提供的神戶牛排，跟一般燒肉店不同的是，這邊由老闆以炭烤方式幫我們調理，我們只需要負責吃就好了！其他像是沖繩阿古豬、沖繩地雞都非常有水準，而作為收尾的牛尾咖哩飯，是我在日本吃到的前三名，有機會務必試試看。

店名｜神戸 BAR 仲々　**地址**｜沖縄県那覇市牧志 1-1-14　**電話**｜098-869-8883　**營業時間**｜17:00-23:00　**公休日**｜週日

季乃家｜和歌山

標榜一人也能享受的燒肉名店，也提供很多適合聚會的中小型包廂。使用最新的設備，吃完燒肉身上也不會臭臭的。提供高級黑毛和牛各式燒肉，品項比較中規中矩，但每一樣品質都很高，很適合作為旅行結束前，大家一起舉杯的地方。

店名｜季乃家　**地址**｜和歌山県和歌山市美園町 3-34　**電話**｜073-499-4111　**營業時間**｜17:00-23:00　**公休日**｜無

大栄｜兵庫

因採取整頭牛方式購買，所以可以用相對比較便宜的價格提供最高等級 A5 的神戶牛肉，另外也提供其他價格合宜的肉品。店內是開放式的空間，比較沒有高級餐廳的情調，但相對就是一個可以爽快吃肉的地方。店員都很活潑開朗，還會很熱情的跟台灣來的朋友合照。

店名｜大栄　**地址**｜兵庫県神戸市灘区篠原南町 7-1-17　**電話**｜078-861-5531　**營業時間**｜17:00-22:00　**公休日**｜週四、每月第三個週三

阿佐利｜北海道

壽喜燒百年老店，建築物本身就很有歷史感，能在和室裡吃高級和牛壽喜燒，是很新鮮的體驗。因為是肉舖直營，即便是 A5 級的和牛，價位也比東京、大阪等要漂亮上許多。割下醬汁口味走清淡的路線，搭配上等牛肉吃起來，有著恰到好處的鮮甜滋味。

店名｜阿佐利　本店　地址｜北海道函館市宝来町 10-11　電話｜0138-23-0421　營業時間｜11:00-21:30　公休日｜週三

まるたんや｜福岡

福岡名店「極味屋」另創的新品牌，是以熟成牛舌為主力商品，走居酒屋風格的燒肉店。熟成牛舌的鮮甜滋味，第一次吃到時的衝擊性真的很大！而燒肉類的餐點，會用一塊燒熱的小石板上桌，然後自己烤自己的一小份，美味又有趣。

店名｜まるたんや　地址｜福岡県福岡市中央区赤坂 1-6-22　電話｜092-761-2929　營業時間｜17:30-24:30　公休日｜無

ファームレストラン黒牛の里｜愛知

使用在地品牌牛肉「知多牛」的牛排館，不需穿著正式服裝就能享受高級牛排。最令人開心的還是這裡提供各種稀有部位的牛排，像我最愛的臀蓋肉也吃到。一般等級和牛就很嫩了，高級和牛上面佈滿了漂亮的油花，讓人一吃就難忘。

店名｜ファームレストラン黒牛の里　地址｜愛知県半田市岩滑西町 2-48-127　電話｜0569-89-8629　營業時間｜11:30-14:00、17:30-22:00　公休日｜週一

空｜大阪

外國觀光客大量聚集的道頓堀，也能吃到高 CP 值的正統日式燒肉。一點髒髒舊舊的店面，高談闊論微醺的上班族，三五成群的在地大叔，完全就是日劇裡面可以看到的燒肉店場景！比起肉類，內臟類的商品更得我心，價錢實惠，鮮味十足，喜歡內臟的一定要試試。

店名｜空（道頓堀店）　地址｜大阪府大阪市中央区道頓堀 2-4-6　電話｜06-6213-9929　營業時間｜17:00-23:30　公休日｜週二

Chapter 2

聚餐、小酌的好去處

居酒屋 篇

居酒屋
いざかや（I ZA KA YA）

西元七世紀，日本最早的歷史書《古事記》中，就有提及賣酒的商店，當時叫做「酒肆」。比較接近現代居酒屋的原型，則是從西元十六世紀的江戶時代開始的，有賣酒的地方叫做「酒屋」，原則上是按量計價，客人會自己帶容器到酒屋買酒。慢慢有些地方開始會提供簡單下酒菜給客人吃，客人就坐在店頭喝酒，這逐漸演變成一種經營形態。「居」在日文中是待在某處的意思，而「居酒」就是指在店裡喝酒的意思。江戶時代的男女比率嚴重失衡，男生的人數遠大於女生，所以居酒屋之類有提供簡單餐食的店，就很快地普及了。

到了十八世紀的明治時代，啤酒被大量引進日本，居酒屋也開始設置更多座位，一群人一起喝酒的形式也慢慢確立。一九七〇年代，隨著上班的女性增加，居酒屋開始提供女生愛喝的酒類，並開始重視裝潢美感，女生也漸漸變成居酒屋的常客了。一九八〇年代，出現很多居酒屋的連鎖店，提供便宜又多樣化選擇的飲食，也可以容許客人在店中喧譁，變成學生、同事聚會的好地方，因此，利用居酒屋的年齡層又更廣泛了！

1. 人氣聚集的屋台居酒屋。
2. 居酒屋也適合一個人小酌。
3. 串燒是一根根現烤的。
4. 以海鮮為主的居酒屋。
5. 也有酒吧形式的居酒屋。

1	2
3	4	5

居酒屋點餐不出錯

　　到日本居酒屋怎麼點菜？相信這是很多不諳日文的玩家一直以來很大的困擾。其實居酒屋的菜單種類繁多，也經常會有不可預測的品項，如果不知道要怎麼點，就先參考這邊的餐點吧！

01

玉子燒

玉子焼き／だし巻き玉子
(TA MA GO YA KI ／ DA SHI MA KI TA MA GO)

だし巻きは蛋液中有加入柴魚高湯，口感比較鬆軟，如果叫做玉子燒き，口感大多是會比較紮實一點。

02

綜合生魚片

刺身の盛り合わせ
(SA SHI MI NO MO RI A WA SE)

愛吃生魚片的人，就點這道吧！

03

唐揚炸雞

唐揚げ(KA RA A GE)

日式炸雞幾乎可說是必點的料理。

04

炸雞軟骨

なんこつの唐揚
(NAN KO TSU NO KA RA A GE)

雞軟骨炸起來脆脆的，很好吃。

05

雞絞肉丸（棒）

つくね(TSU KU NE)

用雞絞肉捏成丸狀或棒狀的料理，以醬燒口味為主。

06

花魚一夜干

ほっけ(HO KKE)

好吃又便宜的魚，日本產的肉比較厚。

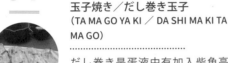

07 毛豆

枝豆(E DA MA ME)

日本毛豆是不加黑胡椒跟蒜頭的。

08 串燒

やきとり(YA KI TO RI)

串燒種類繁多,請見 P.44 串燒的菜單。

09 豚平燒

とんぺい焼 (や) き(TON PEI YA KI)

很像大阪燒的豬肉料理。

10 芥末章魚

たこわさ(TA KO WA SA)

下酒絕配的料理。

串燒點餐不出錯

01 綜合串燒

やきとりの盛合せ
(YA KI TO RI NO MO RI A WA SE)

不知道怎麼點的話,就點綜合的吧!

02 雞腿
とりもも (TO RI MO MO)

肉汁多的雞腿肉，一直都是人氣餐點。

03 蔥雞串
ねぎま (NE GI MA)

04 雞心
はつ／ハツ／こころ
(HA TSU ／ KO KO RO)

05 雞脖子肉
せせり (SE SE RI)

脖子肉鮮嫩多汁，是很好吃的部位。

06 雞肝
レバー／きも／キモ
(RE BA ／ KI MO)

07 軟骨
なんこつ (NAN KO TSU)

08 雞絞肉
つくね (TSU KU NE)

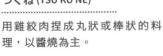

用雞絞肉捏成丸狀或棒狀的料理，以醬燒為主。

09 雞翅
手羽先 (TE BA SA KI)

常會把雞翅切成三段，比較方便食用。

10 香菇
しいたけ (SHI I TA KE)

可以迅速上菜的料理

最近的居酒屋常常有「スピードメニュー」（Speed Menu）這個類別，提供給很餓的客人可以先填肚子，因為串燒之類的料理都要手工烤，需要花時間，如果想要趕快吃的話，記得多點一些這類型的料理。

01
毛豆
枝豆（E DA MA ME）

02
滷下水
もつ煮（MO TSU NI）

可能是豬或雞的內臟。

03
芥末章魚
たこわさ（TA KO WA SA）

04
泡菜
キムチ（KI MU CHI）

05
高麗菜
キャベツ（KYA BE TSU）

是生的，常配麻油吃。

06
冷豆腐
冷奴／ひややっこ（HI YA YA KKO）

07
滷牛筋
牛すじ煮込み
（GYU SU JI NI KO MI）

08
塩辛烏賊
イカの塩辛（I KA NO SHI O KA RA）

帶腥味，配酒專用。

09
關東煮／黑輪
おでん（O DEN）

種類很多，可選自己喜歡的。

10
麻油拌豆芽
もやしナムル
（MO YA SHI NA MU RU）

11
炙燒明太子
炙り明太子（A BU RI MEN TA I KO）

12
沙拉
サラダ（SA RA DA）

居酒屋菜單
MENU

用類別區分的居酒屋常見菜單列表，希望大家都能吃到最想吃的料理！在接下來的菜單中，畫上紅色底線的是一般常點的料理，畫上黃色底線則是酒雄的最愛。

生魚片・お造り／さしみ／すし

まぐろ
鮪魚生魚片
MA GU RO

到日本很多人最愛點生魚片來試試味道，可配合季節來享用。

サーモン
鮭魚生魚片
SA MON

カツオのたたき
鰹魚生魚片
KA TSU O NO TA TA KI

外層炙燒，因為此種魚味道較重，會搭配蒜片、蔥一起吃。

馬刺し
生馬片
BA SA SHI

馬肉的生魚片，不喜勿點。

鳥刺し
生雞肉
TO RI SA SHI

寒ブリ
青甘生魚片
KAN BU RI

冬天才有產的白身魚，味道甜美。

桜ユッケ
生拌馬肉
SA KU RA YU KKE

たこ
章魚
TA KO

沙拉・サラダ

シーザーサラダ
凱薩沙拉
SHI ZA SA RA DA

オニオンスライス
洋蔥沙拉
O NI ON SU RA I SU

カプレーゼ
番茄起司沙拉
KA PU RE ZE

番茄切片加上莫札瑞拉起司組成的沙拉。

ポテトサラダ
馬鈴薯沙拉
PO TE TO SA RA DA

キャベツ
高麗菜
KYA BE TSU

生高麗菜通常會淋上麻油或和風醬，再灑上芝麻。

冷やしトマト
番茄沙拉
HI YA SHI TO MA TO

串燒・やきとり

串燒的口味通常分成「醬燒」（たれ／TA RE）跟「塩燒」（しお／SHI O）兩種，常常會需要在點餐時告訴店員，所以請務必學會這兩種的說法喔！通常來說醬燒會比較甜一點，塩燒會是鹹的口味。一直吃同一種可能會膩，所以最好是能交替點選。

やきとりの盛合せ

綜合串燒

YA KI TO RI NO MO RI A WA SE

不知道怎麼點的話，點綜合的可以吃到不同部位。

とりもも

雞腿

TO RI MO MO

肉汁多的雞腿肉，一直都是人氣餐點。

はつ／ハツ／こころ

雞心

HA TSU ／ KO KO RO

砂肝／ずり

雞胗

SU NA GI MO ／ ZU RI

ねぎま

蔥雞串

NE GI MA

むね

雞胸肉

MU NE

胸肉易柴，要看店家的功力。

ささみ

雞柳條

SA SA MI

一隻雞僅有兩塊柳條的部位，比胸肉多汁。

せせり

雞脖子肉

SE SE RI

脖子肉鮮嫩多汁，是很好吃的部位。

レバー／きも／キモ

雞肝

RE BA ／ KI MO

ぼんじり

雞屁股

BON JI RI

なんこつ

軟骨

NAN KO TSU

つくね

雞絞肉

TSU KU NE

用雞絞肉捏成丸狀或棒狀的料理，以醬燒為主。

生つくね

生雞絞肉

NA MA TSU KU NE

把生的絞肉直接上串後烤，不僅上串困難，烤時失敗率高，但更加美味。

手羽元

棒棒腿

TE BA MO TO

居酒屋菜單
MENU

背肝／セギモ
雞腎
SE GI MO

皮
雞皮
KA WA

手羽先
雞翅
TE BA SA KI

常會把雞翅切成三段，比較方便食用。

地鶏
品牌雞肉
JI TO RI

日本三大地雞分別是比內地鶏、名古屋コーチン（名古屋交趾雞）、薩摩地鶏。

うずら
鵪鶉蛋
U ZU RA

きんかん
雞蛋
KIN KAN

母雞體內還未成熟的雞蛋，有時會連輸卵管一起，叫做玉ひも（TA MA HI MO）。

とさか
雞冠
TO SA KA

豚トロ
松阪豬
TON TO RO

指豬頸部的肉，而不是一種品種喔！

豚バラ
豬五花
BU TA BA RA

油脂多的五花肉，也常常捲蔬菜一起烤。

ハラミ
豬橫隔膜
HA RA MI

有時候是牛肉，若不確定可以問一下店員。

豚タン
豬舌
BU TA TAN

シロ
豬腸
SHI RO

豬大腸加小腸的串燒，多為醬燒口味。

カシラ
豬頭皮
KA SHI RA

カルビ
牛五花
KA RU BI

牛タン
牛舌
GYU TAN

如果加上「厚切」字樣，就是厚片的牛舌。

ミノ
牛肚
MI NO

一般我們常常吃的牛肚就是這種。

ねぎ
蔥串
NE GI

日本的蔥烤起來不會辣，反而很甜。

エリンギ
杏鮑菇
E RIN GI

たまねぎ
洋蔥
TA MA NE GI

日本的洋蔥烤起來不會辣，反而很甜。

しいたけ
香菇
SHI TA KE

ししとう
青辣椒
SHI SHI TOU

不會辣的辣椒，類似台灣的青龍辣椒。

なす
茄子
NA SU

ピーマン
青椒
PI MAN

ホタテ
干貝
HO TA TE

アスパラ
蘆筍
A SU PA RA

えのき
金針菇
E NO KI

トマト
番茄
TO MA TO

ベーコン
培根
BE KON

常常用來捲其他食材。

居酒屋菜單
<u>MENU</u>

串炸・串揚げ／串かつ

串炸這種料理都是沾ソース（SO SU）來吃，但要注意同一串不能沾兩次，咬過一次的就不能再拿下去沾醬了。

鮪魚專門店才有的炸鮪魚排。

ささみ **雞柳** SA SA MI	えび **蝦子** E BI	おくら **秋葵** O KU RA
メンチカツ **炸牛絞肉排** MEN CHI KA TSU	いか **烏賊** I KA	さつまいも **蕃薯** SA TSU MA I MO
ウインナー **小熱狗** WIN NA 這就是便當中會切成章魚形狀（たこさん）的那種。	ゲソ **烏賊腳** GE SO	たけのこ **竹筍** TA KE NO KO
牛ロース **牛里肌** GYU RO SU	たこ **章魚** TA KO	にんにく **大蒜** NIN NI KU
豚バラ **豬五花** BU TA BA RA	紅しょうが **紅薑** BE NI SYO GA 紅薑是吃炒麵或牛丼常一起出現的配菜。	チーズ **起司** CHI ZU
帆立／ホタテ **干貝** HO TA TE	やまいも **山藥** YA MA I MO	もち **麻糬** MO CHI

▶▶ 串炸部分有許多食材跟串燒相同，如沒寫到的食材，也可參考串燒列表。

49

魚料理

1	2	1. 柳葉魚
		2. 烏賊一夜干
3	4	3. 花魚
		4. 生拌鮪魚

カルパッチョ
Carpaccio 卡爾帕喬

KA RU PA CHO

義大利料理中生魚或生肉的吃法，
口味清爽。

ししゃも
柳葉魚

SHI SHA MO

イカの一夜干し
烏賊一夜干

I KA NO I CHI YA BO SHI

ほっけ
花魚

HO KKE

好吃又便宜的魚。

しゃけのハラス焼
鮭魚切片

SHA KE NO HA RA SU YA KI

さんまの塩焼き
塩烤秋刀魚

SAN MA NO SI O YA KI

エイヒレ
魟魚鰭

E HI RE

把魟魚鰭曬乾之後做成於干，再烤
來吃的料理。

まぐろユッケ
生拌鮪魚

MA GU RO YU KKE

ユッケ是用生肉拌醬油、韓式辣
醬、麻油的料理。

居酒屋菜單
MENU

1. 酒蒸蛤蠣
2. 煮魚
3. 蟹膏甲羅燒
4. 卡爾帕喬

| 1 | 2 |
| 3 | 4 |

銀だらの西京焼き
銀鱈西京燒
GIN DA RA NO SAI KYO YA KI

以西京味噌醃漬鱈魚，然後用烤的
方式料理。

かぶと焼 (や) き
烤魚頭
KA BU TO YA KI

焼きはまぐり
烤蛤蠣
YA KI HA MA GU RI

焼 (や) きさざえ
烤榮螺
YA KI SA ZA E

アサリの酒蒸し
酒蒸蛤蠣
A SA RI NO SA KA MU SI

あわびの踊り焼き
烤活鮑魚
A WA BI NO O DO RI YA KI

老實說看鮑魚在盤中收縮的感覺有
點殘酷。

かに味噌甲羅焼き
蟹膏甲羅燒
KA NI MI SO KO RA YA KI

把蟹膏及挑好的蟹肉放入蟹殼中烤
的料理。

魚の煮付
煮魚
SA KA NA NO NI ZU KE

あん肝
鮟鱇魚肝
AN KI MO

煎烤、炒煮類的鐵板料理・焼き物

1 | 2
1. 德國香腸
2. 玉子燒

豚キムチ
泡菜豬肉
BU TA KI MU CHI

玉子焼き／だし巻き玉子
玉子燒
TA MA GO YA KI

平易近人又好吃的料理。

チヂミ
韓式海鮮煎餅
CHI JI MI

焼きギョーザ
煎餃
YA KI GYO ZA

トンテキ
煎豬排
TON TE KI

類似牛排的作法，改成豬肉。

じゃがバター
奶油馬鈴薯
JA GA BA TA

ゴーヤチャンプルー
沖繩炒苦瓜
GO YA CHAN PU RU

沖繩料理的定番。

和風おろしステーキ
和風蘿蔔泥牛排
WA FU O RO SHI SU TE KI

牛排淋上日式蘿蔔泥醬汁。

フーチャンプルー
沖繩炒麵麩
FU CHAN PU RU

跟苦瓜一樣的做法，主要的料改用麵麩。

豚平焼き
豚平燒
TON PEI YA KI

豚バラもやし炒め
豬五花炒豆芽
BU TA BA RA MO YA SHI I TA ME

ソーセージ
德國香腸
SO SE JI

香腸種類繁多，不知道會出來哪一種。

コーンバター
鐵板奶油玉米
KON BA TA

もやし炒め
炒豆芽菜
MO YA SHI I TA ME

居酒屋菜單
MENU

炸物・揚げ物

1 | 2 　1. 鯨魚龍田揚
　　　　2. 唐揚炸雞

とり天 **雞肉天婦羅** TO RI TEN 炸的方式不同於唐揚，屬日式作法。	**カキフライ** **炸牡蠣** KA KI FU RAI 沾醬吃超好吃！	**クジラの龍田揚げ** **鯨魚龍田揚** KU JI RA NO TA TSU TA A GE 特殊的食物，不喜勿點。
唐揚げ **唐揚炸雞** KA RA A GE 最常見的炸雞。	**揚げ銀杏** **炸銀杏** A GE GIN NAN	**チキン南蛮** **南蠻炸雞** CHI KIN NAN BAN 在唐揚炸雞上淋上醋以及塔塔醬。
なんこつの唐揚げ **炸雞軟骨** NAN KO TSU NO KA RA A GE	**フライドポテト** **炸薯條** FU RAI DO PO TE TO	**手羽先** **炸雞翅** TE BA SA KI
あんこうの唐揚げ **炸鮟鱇魚** AN KO NO KA RA A GE	**さんまの龍田揚げ** **秋刀魚龍田揚** SAN MA NO TA TSU TA A GE 竜田揚是先用醬油醃過，再用唐揚的作法。	

小菜、特色菜・一品料理

	2	1. 滷牛筋
1		2. 小黃瓜
	3	3. 甜不辣

じゃこ天／さつま揚げ
甜不辣
JA KO TEN ／ SA TSU MA A GE

たこわさ
芥末章魚
TA KO WA SA
下酒絕配！

板わさ
芥末魚板
I TA WA SA
日本魚板相當好吃。

もつ煮込み／もつ煮
滷下水
MO TSU NI KO MI ／ MO TSU NI
通常是指牛雜，但有時候會是雞下
水，如果想知道可以問問店員。

キュウリ
小黃瓜
KYU RI

かにみそきゅうり
蟹膏小黃瓜
KA NI MI SO KYU RI

キムチ
韓式泡菜
KI MU CHI

冷奴
冷豆腐
HI YA YA KKO

枝豆
毛豆
E DA MA ME

お新香
日式漬物
O SIN KO
很適合配清酒。

揚げ出し豆腐
揚出豆腐
A GE DA SHI TO FU

牛すじ煮込み
滷牛筋
GYU SU JI NI KO MI

イカの塩辛
塩辛烏賊
I KA NO SHI O KA RA
腥味偏重的下酒菜。

居酒屋菜單
<u>MENU</u>

1 | 2

1. 煙燻鴨肉
2. 西班牙蒜香橄欖油蝦

おでん
關東煮
O DEN

ピスタチオ
開心果
PI SU TA CHI O

稍微烘烤的開心果，充滿香氣。

もやしナムル
麻油拌豆芽
MO YA SHI NA MU RU

日本麻油很好吃，是清爽口感。

炙り明太子
炙燒明太子
A BU RI MEN TA I KO

炙燒過的明太子，會比較沒有腥
味。

エビのアヒージョ
西班牙蒜香橄欖油蝦
E BI NO A HI JO

酒雄超愛的西班牙小菜！

鶏のたたき
生雞肉
TO RI NO TA TA KI

可處理生雞肉的店家並不多，如果
身體狀況不佳，請勿食用。

合鴨の燻製
煙燻鴨肉
A I GA MO NO KUN SE

油揚げ
油豆腐
A BU RA A GE

海ぶどう
海葡萄
U MI BU TO

チーズの盛り合わせ
綜合起司
CHI ZU NO MO RI A WA SE

チャンジャ
辣鱈魚腸
CHAN JA

55

飽足感料理・食事

1 | 2 | 1. 炒飯
2. 雞湯

やきそば
日式炒麺
YA KI SO BA

チャーハン
炒飯
CHA HAN

ライス
白飯
RA I SU

味噌汁
味噌湯
MI SO SHI RU

しじみ汁
蜆味噌湯
SHI JI MI JI RU

鶏がらスープ
雞湯
TO RI GA RA SU PU

お茶漬け
茶泡飯
O CHA ZU KE
口味大致分為鮭、梅、明太子等。

おむすび／おにぎり
飯糰
O MU SU BI ／ O NI GI RI

焼きおにぎり
烤飯糰
YA KI O NI GI RI

オムライス
蛋包飯
O MU RA I SU

カレーライス
咖哩飯
KA RE RA I SU
居酒屋的咖哩飯有時會意外的好
吃。

ビビンバ
石鍋拌飯
BI BIN BA

56

居酒屋菜單
MENU

1 | 2   1. 雜炊
           2. 飯糰

ハヤシライス **日式牛肉燴飯** HA YA SHI RA I SU	**台湾風まぜそば** **台灣風辣拌麵** TA I WAN FU MA ZE SO BA	**もつ鍋** **牛腸鍋** MO TSU NA BE
類似咖哩飯的料理，以牛肉製成。	現在日本很流行這種拌麵。	常分為醬油（しょうゆ）、味噌（みそ）和塩味（しお）等口味。
焼きうどん **炒烏龍麵** YA KI U DON	**卵かけごはん** **生蛋拌飯** TA MA GO KA KE GO HAN	**水餃子** **水餃** SU I GYO ZA
ナポリタン **日式義大利紅醬麵** NA PO RI TAN	**ねぎとろ丼** **蔥鮪魚丼** NE GI TO RO DON	**ぞうすい** **雜炊** ZO SU I
カルボナーラ **奶油白醬麵** KA RU BO NA RA	**サーモンとイクラの親子丼** **鮭魚親子丼** SA MON TO I KU RA NO O YA KO DON	把日式火鍋的高湯煮成稀飯。

居酒屋的飲料單通常都非常豐富，種類繁多，絲毫不輸給料理。既然是來喝東西的地方，當然也要好好研究一下，點一杯自己喜歡的飲料，為今晚營造最棒的氣氛吧！接下來就以類別區分，解析居酒屋常見的飲料有哪些。

生啤酒・生ビール

1 | 2　1. 精釀啤酒酒頭
　　　　2. 精釀啤酒

中ジョッキ
啤酒杯裝
CHU JO KI

大約是 500cc。

瓶ビール
瓶裝啤酒
BIN BI RU

大約是 750cc，倒入杯子飲用。

タンブラー／グラス
玻璃杯裝
TAN BU RA ／ GU RA SU

大約是 330cc。

ピッチャー
桶裝
PI CHA

大約是 1800cc。

エクストラコールド
ExtraCold
E KU SU TO RA KO RU DO
以零下狀態保存的極冰啤酒。

ノンアルコールビール
無酒精啤酒
NON A RU KO RU

喝起來跟啤酒很近似的非酒精飲料。

居酒屋飲料
MENU

日本酒

冷酒	熱燗	スパークリング日本酒
冷酒	**熱酒**	**氣泡清酒**
RE SHU	A TSU KAN	SU PA KU RIN GU NI HON SHU
	隔水加熱的清酒。	

焼酎

グラス	ボトル
杯	**瓶**
GU RA SU	BO TO RU
	可寄瓶，通常兩個月為期限。

沖繩泡盛

有意思的焼酎喝法

ストレート	ロック	ウーロン割り	梅干し
直接喝	加冰塊	加烏龍茶	加梅子
SU TO RE TO	RO KKU	U RON WA RI	U ME BO SHI
		可能會加錢。	可能會加錢。

水割り	お湯割り	ソーダ／炭酸
加水	加熱水	加蘇打
MI ZU WA RI	O YU WA RI	SO DA ／ TAN SAN

HighBall・ハイボール

　　HighBall 是威士忌以冰塊降溫後加入蘇打水的飲料，如果偏好大人口味的雞尾酒，就很適合點選這類的飲料。

山崎ハイボール
山崎 HighBall
YA MA ZA KI HA I BO RU

以山崎威士忌為基底。

竹鶴ハイボール
竹鶴 HighBall
TA KE TSU RU HA I BO RU

以竹鶴威士忌為基底。

角ハイボール
角瓶 HighBall
KA KU HA I BO RU

以角瓶威士忌為基底。

グレンフィディックハイボール
格蘭菲迪 HighBall
GU REN FI DI KKU HA I BO RU

以格蘭菲迪威士忌為基底。

白州ハイボール
白州 HighBall
HA KU SHU HA I BO RU

以白州威士忌為基底。

雞尾酒・カクテル

モスコミュール
莫斯科騾子
MO SU KO MYU RU

基酒為伏特加。

ブラッディ・メアリー
血腥瑪莉
BU RA DI ME ARI

基酒為伏特加。

シーブリーズ
海風
SHI BU RI ZU

基酒為伏特加。

クリュードライバー
螺絲起子
KU RYU DO RA I BA

基酒為伏特加。

カミカゼ
神風特攻隊
KA MI KA ZE

基酒為伏特加。

ジントニック
琴通寧
JIN TO NI KKU

琴酒加上通寧水。

ソルティードッグ
鹽狗
SO RU TI DO GGU

基酒為伏特加。

コスモポリタン
柯夢波丹
KO SU MO PO RI TAN

基酒為伏特加。

シンガポールスリング
新加坡司令
SIN GA PO RU SU RIN GU

基酒為琴酒。

居酒屋飲料
MENU

マティーニ
馬丁尼
MA TI NI

基酒為琴酒。

ブルーハワイ
藍色夏威夷
BU RU HA WA I

基酒為蘭姆酒。

マタドール
鬥牛士
MA TA DO RU

基酒為龍舌蘭酒。

オレンジブロッサム
綠洲柳橙
O REN JI BU RO SA MU

基酒為琴酒。

ピニャカラーダ
椰林風情、鳳梨可樂達
PI NYA KA RA DA

基酒為蘭姆酒。

アレキサンダー
亞歷山大
A RE KI SAN DA

基酒為白蘭地。

ピンクレディー
紅粉佳人
PIN KU RE DI

基酒為琴酒。

スカイダイビング
騰空
SU KA I DA I BIN GU

基酒為蘭姆酒。

サイドカー
賽德卡
SA I DO KA

基酒為白蘭地。

青い珊瑚礁
藍色珊瑚礁
A O I SAN GO SHO

基酒為琴酒。

モヒート
莫吉托
MO HI TO

基酒為蘭姆酒。

ビトウィーン・ザ・シーツ
床笫之間
BI TU WIN ZA SHI TSU

基酒為白蘭地。

キューバリバー
自由古巴
KYU BA RI BA

基酒為蘭姆酒。

テキーラサンライズ
龍舌蘭日出
TE KI RA SAN RA I ZU

基酒為龍舌蘭酒。

ゴッドファーザー
教父
GO DO FA ZA

基酒為威士忌。

ダイキリ
戴克利
DA I KI RI

基酒為蘭姆酒。

マルガリータ
瑪格莉特
MA RU GA RI TA

基酒為龍舌蘭酒。

ニューヨーク
紐約
NYU YO KU

基酒為威士忌。

マンハッタン
曼哈頓
MAN HA TAN

基酒為威士忌。

シャンディガフ
香迪
SHAN DI GA FU

啤酒加薑汁汽水。

カシスソーダ
黑醋栗蘇打
KA SHI SU SO DA

基酒為利口酒。

カシスオレンジ
黑醋栗柳橙
KA SHI SU O REN JI

基酒為利口酒，女生必點。

ライチトニック
荔枝通寧
RAI CHI TO NI KKU

基酒為利口酒。

ライチジンジャー
荔枝汽水
RAI CHI JIN JA

荔枝酒加上薑汁汽水。

ライチオレンジ
荔枝柳橙
RAI CHI O REN JI

基酒為利口酒。

チャイナブルー
中國
CHA I NA BU RU

荔枝酒加上葡萄柚與通寧水。

ファジーネーブル
禁果
FA JI NE BU RU

基酒為利口酒。

抹茶ミルク
抹茶牛奶
MA CHA MI RU KU

基酒為利口酒。

抹茶ウーロン
抹茶烏龍
MA CHA U RON

基酒為利口酒。

パッションオレンジ
百香果柳橙
PA SHON O REN JI

基酒為利口酒。

パッショングレープフルーツ
百香果葡萄柚
PA SHON GU RE PU FU RU TSU

基酒為利口酒。

ココナッツミルク
椰子牛奶
KO KO NA TSU MI RU KU

基酒為利口酒。

居酒屋飲料
MENU

水果酒・果実酒

梅酒	あんず酒	ライチ酒
梅酒	**杏子酒**	**荔枝酒**
U ME SHU	AN ZU SHU	RA I CHI SHU

有意思的水果酒喝法

ストレート	水割り	ロック	お湯割り	ソーダ割り
直接喝	加水	冰塊	加熱水	加蘇打
SU TO RE TO	MI ZU WA RI	RO KKU	O YU WA RI	SO DA WA RI

沙瓦・サワー

グレープフルーツサワー	カルピスサワー	白桃サワー
葡萄柚沙瓦	**可爾必斯沙瓦**	**白桃沙瓦**
GU RE PU FU RU TSU SA WA	KA RU PI SU SA WA	HA KU TO SA WA
オレンジサワー	巨峰サワー	ウーロンハイ
柳橙沙瓦	**巨峰葡萄沙瓦**	**烏龍沙瓦**
O REN JI SA WA	KYO HO SA WA	U RON HA I
キウイサワー	白ぶどうサワー	緑茶ハイ
奇異果沙瓦	**白葡萄沙瓦**	**緑茶沙瓦**
KI U I SA WA	SHI RO BU DO SA WA	RYO KU CHA HA I
レモンサワー	青りんごサワー	
檸檬沙瓦	**青蘋果沙瓦**	
RE MON SA WA	A O RIN GO SA WA	
梅干しサワー	シークワーサーサワー	
酸梅沙瓦	**沖縄酸桔沙瓦**	
U ME BO SHI SA WA	SI KU WA SA SA WA	

軟性飲料・ソフトドリンク

ウーロン茶	グレープフルーツジュース	カルピスウォーター
烏龍茶	葡萄柚汁	可爾必思水
U RON CHA	GU RE PU FU RU TSU JU SU	KA RU PI SU WO TA

緑茶	パインジュース	カルピスソーダ
緑茶	鳳梨汁	可爾必思蘇打
RYO KU CHA	PA I N JU SU	KA RU PI SU SO DA

ジャスミン茶	りんごジュース	アイスコーヒー
茉莉茶	蘋果汁	冰咖啡
JA SU MIN CHA	RIN GO JU SU	A I SU KO HI

コーラ	野菜ジュース	レッドブル
可樂	蔬果汁	**RedBull**
KO RA	YA SA I JU SU	RE DO BU RU

ジンジャーエール	トマトジュース	ラムネ
薑汁汽水	番茄汁	彈珠汽水
JIN JA E RU	TO MA TO JU SU	RA MU NE

兒時回憶滿點。

オレンジジュース	カルピス
柳橙汁	可爾必思
O REN JI JU SU	KA RU PI SU

\ Q & A /
居酒屋常見疑問

Q 點完飲料
就上的「お通し」
（**O TO SHI**）是什麼？

A 料理還沒出之前，會先出一份小菜，這個就叫做お通し，可能是醃菜、冷盤，也有可能是高麗菜。基本上是會收費的，通常在 300 円左右。因為沒有寫在菜單上面，所以最後結帳的時候，可能會覺得：「怎麼比自己計算得貴！」

Q 「お通し」
可不可以拒絕？

A 這個模式在日本的居酒屋已經行之有年，可說是傳承下來的習慣，實在很難一言以蔽之。確實有些店家是可以說不要お通し的，但在很前面的階段就會送上來，所以如果真的很不想要お通し的話，要在一坐定之後，就問說店家看看能不能不要，或者問清楚要多少錢，可能會讓你心中比較舒服一點。

• 居酒屋的小菜

• 小菜是榮螺

• 也有提供生蠔的居酒屋

Q 什麼是「シメ」
（**SHI ME**）？

A 日本人在喝酒聚會的最後，會想要來一個收尾的料理，尤其因為喝酒之後身體會特別想要糖分，所以澱粉類的料理通常是シメ的首選。來碗熱騰騰的味噌湯也不錯，或者是熱湯跟澱粉都有的茶泡飯，也是超人氣的シメ。

• 居酒屋有時也會提供鄉土特色菜。

Q 什麼是
「とりビー」
（TO RI BI）？

 A とりビー是「那就先來杯啤酒好了」（とりあえずビー
ル）的簡略說法。因為居酒屋店員會在客人坐定後沒多
久，就會來問飲料要點什麼，很多人第一杯就會直接點
生啤酒，而不是慢慢看飲料單上有什麼。有這種想法的
人還不少，所以說這句話就變成一種文化了。下次跟日
本朋友喝酒，也可以說看看這句話，應該蠻有趣的。

• 不想思考的時候，就說とりビー吧!

Q 什麼是
「チャージ」
（CHA JI）？

A 這裡指的是座位費或入場費，通常是有提供表演的店才
有收取，依照入場人數收費。

 Q 為什麼居酒屋的
料理都出好慢？

A 大部分居酒屋的料理，都是現場製作的，所以需要一些
時間。且日本人通常一輪不會點太多料理，是採取慢慢
喝酒，慢慢點餐方式，所以店家也會平均的出給各桌。
想要快點吃到東西，建議可以跟店家說希望哪些菜先出，
店家可能視情況先幫你出。如果真的比較餓，先吃店家
提供的お通し，或可以先參考菜單上能快速出餐的料理
（スピードメニュー），從這邊點的話，就會比較快出了。

什麼是「割り勘」
（WA RI KAN）？

 結帳的時候，總金額除以人數的計費方式，跟台灣流行
的分開付有點不太一樣，是大家都付相同金額的方式。

 一定要點飲料嗎？

 日本居酒屋的點餐方式，通常是先看飲料單，跟店員點
好飲料之後，之後才點料理。居酒屋基本上定位在喝酒
的地方，所以點杯飲料其實算是一種禮貌。日本習慣在
人員坐定，飲料都上了之後，大家先舉杯喝一下，象徵
聚會的開始。就算不喝酒的朋友，居酒屋也有提供無酒
精的軟性飲料，價錢基本上都在 250 至 350 円之間，是
大家都負擔得起的費用。

▸▸ 如果點了清酒，要二到三人一起分享，那是沒問題的，記
得跟店員多要幾個杯子哦！

 可以點水或茶嗎？

 居酒屋雖然通常都有免費提供水與熱茶，但那主要是提
供給喝酒之後想要醒酒的客人，如果一進來，整桌客人
都點水，對店家來說還是不太喜歡的，請大家務必發揮
台日友好精神，建議盡量每個人都點一杯飲料哦！

• 以清酒為主的居酒屋，會把整瓶酒拿
到客桌上倒，以便讓客人認識酒標。

居酒屋常用會話 〰〰〰〰〰〰〰〰〰〰〰〰〰〰〰

想請店家提供醒酒用的熱茶時可以說，但請不要不點飲料，只點熱茶喔！

請給我熱茶。
あたたかいお茶をください
A TA TA KA I O CHA O KU DA SA I

多喝水比較不會酒醉，也可以請店家提供冰開水。

請給我水。
お冷をください
O HI YA O KU DA SA I

想請店家提供分食時用的小盤，想換盤時也可以用。

請給我小盤子。
取り皿をください
TO RI ZA RA O KU DA SA I

喝清酒時會需要杯子，通常店員也會主動問你要幾個杯子。

請給我兩個清酒杯。
ちょこを 2 つください
CHO KO O HU TA TSU KU DA SA I

想要點重複的菜色或相同的服務時，可以這麼說。

請再給我一份。
おかわりをください
O KA WA RI O KU DA SA I

大甚｜愛知

創業百年以上，名古屋的老牌居酒屋。比起一般居酒屋都是上班族的天下，大甚擁有很多家庭客群，餐點也以家庭餐桌上常見的料理為主，取餐方式也很特別，通通擺在桌上，吃什麼拿什麼就對了！若想品嘗名古屋的家庭味，來這裡準沒錯。

店名｜大甚本店　**地址**｜愛知縣名古屋市中區榮 1-5-6　**電話**｜052-231-1909　**營業時間**｜週一至週五 15:45-21:15、週六 15:45-20:00　**公休日**｜週日、國定假日

くつろぎ亭ひこべえ｜鳥取

鳥取中部的居酒屋老店，有賣午晚餐，店內招牌是鳥取縣鄉土料理的牛骨拉麵，鮮甜清湯能喝到淡淡的牛鮮味，搭配的麵也很合。另一項必點的是大份量的唐揚炸雞，不論價位或口味，都非常值得點來試試。如果是來吃午餐的話，還有各式海鮮丼飯可以選擇，是你會希望家附近就有一間的好店。

店名｜くつろぎ亭ひこべえ　**地址**｜鳥取縣東伯郡琴浦町八橋 171-8　**電話**｜0858-52-1028　**營業時間**｜11:00-13:20、17:00-22:30　**公休日**｜週日

魚匠銀平 和歌山駅前店｜和歌山

不但有提供宴客套餐，也能單點小酌的和歌山名店，提供多個中小型包廂，很適合家族、朋友來個美食聚會。料理以和歌山漁港捕撈起的新鮮漁獲為主，是高質感的日本料理，比起一般菜色比較簡單的居酒屋，這裡可是走精緻路線的。魚肉火鍋是和歌山冬季的限定料理，非常值得一試。

店名｜魚匠銀平本店　**地址**｜和歌山縣和歌山市友田町 4-88　**電話**｜050-5869-9671　**營業時間**｜11:30-14:00、17:00-22:00　**公休日**｜不定休

鶏翔｜東京

淺草寺周邊的串燒小店，提供很多一般串燒店吃不到的部位而頗具人氣，像是雞心管、雞肝排，或是一根一根從生肉烤起的生雞肉丸子，可以滿足老饕的味蕾。天天客滿，營業時間雖寫到晚上十二點，但常常十點多就賣光，提早打烊了。

店名｜鶏翔　**地址**｜東京都台東區淺草 2-35-14　**電話**｜03-3842-0309　**營業時間**｜週二至週六 17:00-23:00、週日：15:00-21:00　**公休日**｜週一

かわ屋｜福岡

小小店家總是客滿，客人都是衝著獨門秘方「雞皮串」來的。相較於一般串燒店非常普通的雞皮，かわ屋費工很多，將雞脖子皮取下後，花上六天時間進行七、八次的回烤才完成，是手路菜。外脆內 Q 的口感，帶點甜甜辣辣的醬汁，一串才賣 95 日圓，你說怎能不為他傾心？

店名｜かわ屋 **地址**｜福岡県福岡市中央区白金 1-15-7 **電話**｜092-522-0739 **營業時間**｜17:00-24:00 **公休日**｜無

やさい巻き串屋ねじけもん｜福岡

串燒總給人不太健康、滿滿都是肉的印象，不過「ねじけもん」則創作許多使用大量蔬菜製成的串燒，像是櫛瓜豬肉串、番茄豬肉串、韓國年糕起司培根明太子串等等等，多變的串燒菜單，讓人不會吃膩，深受女性客人的歡迎。

店名｜やさい巻き串屋ねじけもん **地址**｜福岡県福岡市中央区大名 2-1-29 **電話**｜092-715-4550 **營業時間**｜週一至週六 17:30-01:00、週日 17:00-24:00 **公休日**｜無

虎や炉端焼き｜北海道

爐端燒的發源地在北海道釧路，其特色就是店員會在吧台內，直接用炭火烤新鮮食材給客人看，有點像鐵板燒的炭烤版本。邊吃邊享受跟店員的對話，也是爐端燒的一大樂趣。虎や名物是厚岸產的牡蠣，不管是生吃或是火烤，一個個都渾圓飽滿，非常鮮美。

店名｜虎や炉端焼き **地址**｜北海道釧路市末広町 2-9-1 **電話**｜0154-25-0511 **營業時間**｜週一至週六 17:00-23:00、週日 17:00-22:30 **公休日**｜不定休

牡蠣屋｜廣島

前往世界文化遺產的宮島嚴島神社參拜路上，一定會經過這間隨時都大排長龍的牡蠣專賣店，提供宮島及廣島地區產的高級牡蠣，不管是火烤、生吃，或入菜，都能讓人重新體認牡蠣鮮美。雖然一樣有提供啤酒等酒類飲品，不過牡蠣屋最拿手的還是各式葡萄酒，搭配牡蠣一起享用，可謂人間美味。

店名｜牡蠣屋 **地址**｜広島県廿日市市宮島町 539 **電話**｜0829-44-2747 **營業時間**｜10:00-17:00 **公休日**｜無

Chapter 3

值得買機票專程享受

壽司 篇

壽司

鮨 すし（SU SHI）

壽司，由壽司職人把生魚調理，搭配醋飯食用的極簡食物，幾百年來不知牽動了多少人的味蕾。簡單，卻一點也不簡單，這是我看「壽司之神」小野二郎紀錄片後的最大感想。那美味的背後，是千錘百鍊的高超技術，也是壽司職人靈魂的淬鍊。不知道旅日的玩家，是不是跟我一樣很著迷於這象徵日本的食物呢？每到日本的時候，不管是迴轉壽司，還是不轉的壽司，有機會一定要進去品嚐一下，哪怕只吃個兩、三盤，享受短暫而至福的片刻。看到這裡，我猜你一定又想買機票了呢！

壽司料的分類

依照漁獲的類型來分類壽司，不僅品嚐順序不同，還有炙燒與否的選擇。

- **赤身**
  諸如鮪魚、鮭魚、鰹魚，切下魚身的魚片為紅色或橘紅色，就被稱為「赤身」。味道濃郁，是壽司不可或缺的魚料。

- **白身**
  切下魚身的魚片為白色，就稱為「白身」，四季皆有不同的白身魚可以享用。春為鯛魚，夏為黃雞魚，秋天鹿角魚的肝會變得非常美味，冬天則是以比目魚為主。雖然魚肉本身味道不是很濃郁，但越咬越覺清甜美味。

- **光物**
  這是外皮為銀色的魚類總稱，做成壽司通常會有一點點苦味，通常熱愛壽司的人才會懂得他的美味。有些光物會需要用鹽塗魚身，用水沖掉後加點醋，擺著熟成，因此味道好壞跟師傅手藝有關。

除了魚肉之外，其他的海鮮也是常見的壽司食材，像是許多我們不常聽過的蝦、蟹與貝類，在壽司店都會出現。帶有一點脆脆口感的貝類，總是虜獲不少老饕的心。更別說蝦是很具代表性的壽司料，蟹類也有著很高的人氣。便宜好吃的烏賊、章魚，也是很受歡迎的魚料。喜歡嚼勁的人，應該無法不點這類壽司吧！

如果看到名為「長物」的品項，可別太過緊張，其實就是如鰻魚這類長長的魚種，魚身味道比較淡，通常會用醬汁去燒烤，或是用醬油煮製而成。當然，還有很多可以做成壽司的食材，如牛肉、豬肉、蔬菜，甚至熟食的天婦羅、唐揚炸雞，尤其小朋友會喜歡這類特殊的品項。

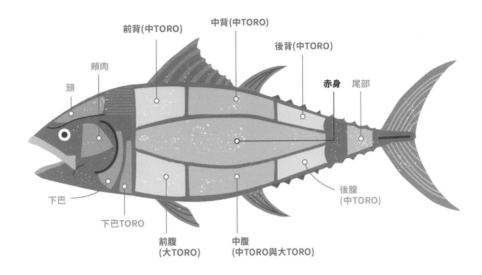

前背(中TORO)　中背(中TORO)　後背(中TORO)

頰肉

頭　　赤身　尾部

下巴

下巴TORO

前腹
(大TORO)

中腹
(中TORO與大TORO)

後腹
(中TORO)

壽司店點餐不出錯

打開繁複的菜單,不知道要吃什麼嗎?可以參考酒雄推薦的料理哦!

01 鮪魚

まぐろ／マグロ／赤身
(MA GU RO ／ A KA MI)

壽司店的招牌料理,不好
吃就可以換家了。

02 鮭魚

サーモン(SA MON)

初學者通常也能入口的魚
料。

03 大腹

大トロ(O TO RO)

全為腹身的部位,不喜油
脂多的人可以不用吃到這
個等級。

04 炙燒比目魚鰭邊

ヒラメの炙りエンガワ
(HI RA ME NO A BU RI EN GA
WA)

比目魚鰭邊有豐富的油脂,
稍作炙燒,就會散發濃郁香
氣。

05 紅甘
かんぱち／カンパチ(KAN PA CHI)

口感彈牙，也是白身魚代表性的壽司料。

06 豆皮壽司
いなり(I NA RI)

最簡單的美味莫過於此。

07 干貝、扇貝貝柱
ほたて／ホタテ(HO TA TE)

大人小孩都愛的扇貝，口感軟嫩，甜味豐富。

08 煮星鰻
煮穴子(NI A NA GO)

用醬油煮過的星鰻非常好吃，一定要試試！

09 天然青甘
寒ブリ(KAN BU RI)

天然青甘在冬季會有很美味的脂身，跟養殖有差，是冬季必吃壽司。

10 甜蝦
甘えび／甘エビ(A MA E BI)

蝦類甜度數一數二的甜蝦，讓人愛不釋手。

壽司店的內行話

這通常是壽司店員之間的所謂「業界用語」，也就是店員會使用的單字，聽到不要覺得很奇怪喔！

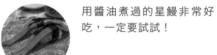

有意思的壽司店行話

シャリ 飯 SHA RI	ガリ 薑 GA RI	ネタ 壽司料 NE TA	アガリ 茶 A GA RI
サビ 芥末 SA BI	一貫 一顆 I KAN	ムラサキ 醬油 MU RA SA KI	おあいそ 結帳 O A I SO
去掉了ワ，只有サビ。	壽司的計量單位。	業界不說しょうゆ。	說「お会計」(O KAI KEI)也可以的。

MENU

　　我整理了大部分壽司店常見的菜單，希望可以幫助你點到自己最喜歡的壽司。如果還不了解自己的口味，可以帶個筆記本到日本做紀錄，把自己認為好吃的魚料記錄下來，這樣下次還有機會回味哦！

握壽司・にぎり

まぐろ／マグロ／赤身
鮪魚
MA GU RO

壽司店的招牌料理，不好吃就可以換家了。

漬けまぐろ
漬鮪魚
TSU KE MA GU RO

醬油醃漬的鮪魚。

本まぐろ／本マグロ
黑鮪魚
HON MA GU RO

黑鮪魚在各家水準有異。個人吃到最好吃的黑鮪魚是在青森大間，油脂的鮮味令人難忘。

炙りトロ
炙燒鮪魚肚
A BU RI TO RO

炙燒過會比較不油，帶焦苦味很引人食慾。

とろサーモン
鮭魚肚
TO RO SA MON

油脂較多的部位，喜歡脂身的人會喜歡。

かつお／カツオ
鰹魚
KA TSU O

通常鰹魚加點蔥、蒜一起吃會更好吃，或稱為「たたき」（TA TA KI）。

中トロ
中 toro
CHU TO RO

赤身跟腹身取得絕妙平衡的部位。

大トロ
大 toro
O TO RO

全為腹身的部位，不喜歡油脂多的人可以不用吃到這個等級。

サーモン
鮭魚
SA MON

初學者通常也能入口的魚料。

焼きはらす
烤鮭魚
YA KI HA RA SU

烤過就是大人小孩皆宜的口味。

オニオンサーモン
洋蔥鮭魚
O NI ON SA MON

マグロアボカド
鮪魚酪梨
MA GU RO A BO KA DO

いさき／イサキ
三線磯鱸、黃雞魚
I SA KI

帶脂身的時候會入口即化，非常美味。

銀鮭
銀鮭魚
GIN SA KE

日本國內養殖的鮭魚，較無腥味。

たい／真鯛
鯛魚
TA I／MA DA I

白身魚的王者，清甜美味，入口彈牙，通常也會是高價品。

かわはぎ／カワハギ
剝皮魚
KA WA HA GI

壽司上通常還會放一點魚肝，魚身口味比較淡，配上肝就濃郁多了。

ひらめ／ヒラメ
比目魚
HI RA ME

魚身口味比較清淡，適合沾點醬油食用。

ひらめの炙りえんがわ
炙燒比目魚鰭邊
HI RA ME NO A BU RI EN GA WA

比目魚鰭邊有豐富的油脂，稍作炙燒，散發濃郁香氣。

はまち／ハマチ
養殖青甘
HA MA CHI

屬於白身魚，養殖的青甘一年四季都有一定程度的脂身，所以口味穩定。

寒ブリ
天然青甘
KAN BU RI

天然青甘在冬季會有很美味的脂身，跟養殖有差，是冬季必吃壽司。

かんぱち／カンパチ
紅甘
KAN PA CHI

口感彈牙，也是白身魚代表性的壽司料。

えんがわ／エンガワ
鰈魚鰭邊
EN GA WA

通常講鰭邊都是講鰈魚，口感有點脆脆的。

かじき／カジキ
旗魚
KA JI KI

也是白身魚，上等的旗魚魚身有著濃郁的口味，也是會入口即化。

のどぐろ／ノドグロ
黑喉魚
NO DO GU RO

北陸地方必吃的白身黑喉魚，品質高的美味可能超越比目魚，稍微炙燒一下更好吃。

とらふぐ／トラフグ
虎河豚
TO RA HU GU

最貴的河豚品種。

太刀魚／タチウオ
白帶魚
TA CHI U O

白帶魚壽司非常少見，故比較高價，常會用昆布和鹽先處理過。

すずき／スズキ
鱸魚
SU ZU KI

魚身口味雖清淡，油脂較少，有獨特的風味。

銀だら／銀ダラ
銀鱈
GIN DA RA

雖然是白身魚種，但帶有比較多的脂身，口味偏濃郁。

〆鯖
鯖魚
SHI ME SA BA

屬於光物，用塩跟醋把魚身美味鎖在裡面，吃起來有淡淡清香而不苦。

金目鯛
金目鯛
KIN ME DA I

魚身帶點魚皮，提供不同的口感層次。

ふぐ／フグ
河豚
HU GU

魚身口味比較清淡，適合沾醬油食用。

めだい／メダイ
目鯛
ME DA I

較少人知道的高級白身魚，非常美味。

壽司店菜單
MENU

さんま／サンマ
秋刀魚
SAN MA

光物的代表，鮮度夠高的話就不會有腥味，搭薑一起吃很不錯。

真あじ／アジ
竹筴魚、鰺魚
MA A JI

喜歡光物的人，對於美味的鰺魚會難以忘懷。

しまあじ／シマアジ
縱帶鰺魚
SHI MA A JI

鰺魚中最美味的魚種。

いわし／イワシ
沙丁魚
I WA SHI

充滿許多營養成分的光物沙丁魚，也適合做成壽司食用。

さより／サヨリ
水針魚
SA YO RI

清甜中帶一點苦味的水針，是老饕的最愛。

えんがわ焦がし醤油
醬油鰈魚鰭邊
EN GA WA KO GA SHI SHO YU

カスゴ
小鯛魚
KA SU GO

鯛魚或其他魚的小時候，指約十公分左右的魚。

シンコ
鰶魚（小時候）
SHIN KO

小隻鰶魚反而比較貴，口味雖然清淡，但有獨特風味。

こはだ／コハダ
鰶魚（中年）
KA HA DA

帶皮一起吃，皮本身是軟的，魚身則有淡淡風味。

コノシロ
鰶魚（成年）
KO NO SHI RO

通常會用些醋來讓魚身更緊實，口味會比小時候濃郁一些。

鰆／サワラ
土魠、馬交
SA WA RA

魚身有顯著的甜味，鮮度很重要。

たこ／タコ
章魚
TA KO

そでいか／ソデイカ
袖烏賊
SO DE I KA

超大型的烏賊，常常是冷凍品，甜味比較低一點。

紋甲烏賊／コウイカ
花枝
MON KO I KA

適合當壽司料的烏賊，魚身甜美。

真いか／イカ
烏賊、魷魚
MA I KA

最常見的烏賊，便宜又好吃。

やりいか／ヤリイカ
槍烏賊
YA RI I KA

甜味較低，口感適中，冬天最好吃。

あおりいか／アオリイカ
軟絲
A O RI I KA

甜味很明顯，跟其他烏賊有著不同的風味。

ほたるいか／ホタルイカ
螢烏賊
HO TA RU I KA

有燙過的螢烏賊會比較好吃，生吃會有明顯的腥味。

えび／エビ
蝦
E BI

壽司的定番。

甘えび／甘エビ
甜蝦
A MA E BI

蝦類甜度數一數二的甜蝦，讓人愛不釋手。

赤えび／赤エビ
紅蝦、胭脂蝦
A KA E BI

較一般的蝦，有更明顯的蝦味。

ぼだんえび／ボダンエビ
牡丹蝦
BO TAN E BI

高級蝦，通常是壽司店中最貴的蝦種。

くるまえび／クルマエビ
明蝦
KU RU MA E BI

體型最大的蝦，口感彈牙。

しゃこ／シャコ
蝦蛄
SHA KO

稍微燙過的新鮮蝦蛄非常甜美，是高價品。

ずわい蟹／ズワイガニ
松葉蟹
ZU WA I GA NI

松葉蟹的美味不用多說，通常也不便宜。

ほたて／ホタテ
干貝、扇貝貝柱
HO TA TE

大人小孩都愛的扇貝，口感軟嫩，甜味豐富。

たいらぎ／タイラギ
平貝
TAI RA GI

比干貝脆一點，等級略輸扇貝一籌。

ほっき貝／ホッキ貝
北寄貝
HO KI GA I

北海道的知名貝類，口感比較脆。

赤貝
血蛤
A KA GA I

喜歡貝類味道的，應該會臣服於他的濃郁貝味。

さざえ／サザエ
蠑螺
SA ZA E

四處可見，脆脆口感的貝。

つぶ貝／ツブ貝
蛾螺
TSU BU GA I

迴轉壽司常見的貝類，口感屬於脆口的。

ミル貝
象拔蚌、海松貝
MI RU GA I

不論口感、甜度、香氣都是高等級，當然價錢也是。

白ミル貝
白象拔蚌
SHI RO MI RU GA I

比象拔蚌口味略輸，但仍相當美味。

あわび／アワビ
鮑魚
A WA BI

台灣人很熟悉的鮑魚，可能會稍稍煮過或蒸過。

穴子／アナゴ
星鰻
A NA GO

通常是用蒲燒方式處理，口感近似鰻魚。

壽司店菜單
MENU

煮穴子
煮星鰻
NI A NA GO

用醬油煮過的星鰻非常好吃，一定要試試。

うなぎ／ウナギ
蒲燒鰻魚
U NA GI

大部分人都很熟悉的鰻魚，醬汁甜甜很配飯。

うなぎ白焼き
白燒鰻魚
U NA GI SHI RO YA KI

不加醬汁改用塩燒的鰻魚，可以吃到鰻魚的原味。

赤むつ
赤鯥
A KA MU TSU

フカヒレ
魚翅
FU KA HI RE

フォアグラ
鵝肝醬
FO A GU RA

世界三大珍味也能做成壽司。

カルビ
牛小排
KA RU BI

炙り牛タン
炙燒牛舌
A BU RI GYU TAN

ハンバーグ
漢堡排
HAN BA GU

イベリコ豚
伊比利豬
I BE RI KO BU TA

合鴨
鴨肉
A I GA MO

えび天
炸蝦
E BI TEN

数の子
鯡魚卵、黃金魚卵
KA ZU NO KO

きす天
鱚魚天婦羅
KI SU TEN

鱚魚做成天婦羅會有一點點清香，非常好吃。

アジ天
竹荚魚天婦羅
A JI TEN

かにかま
蟳味棒
KA NI KA MA

日本的蟳味棒比台灣美味多了。

たまご焼き
玉子燒
TA MA GO YA KI

各家口味不同，有的甜，有的鹹。

いなり
豆皮壽司
I NA RI

最簡單的美味莫過於此。

なす
茄子
NA SU

壽司料理手法

炙り（あぶり）
ABURI

就是所謂的炙燒，很多壽司店都可以接受把菜單上沒有炙燒的壽司，做成炙燒版本。

はらみ
HA RA MI

腹身，通常就是帶有比較多油脂的地方，也就是台灣壽司店常說的「〇〇肚」。

しめ／〆
SHI ME

這個符號的意思，就是魚有先用少許鹽跟醋先塗過，讓魚身較為緊實，也能去除某些異味或腥味。

軍艦壽司

うに／ウニ
海膽
UNI

日本產海膽的地方不少，通常要點上等的才會比較好吃。

バフンウニ
馬糞海膽
BA HUN U NI

並沒有馬糞的成份喔！

まぐろユッケ
鮪魚肉膾
MA GU RO YU KE

鮪魚切碎加上韓式辣醬的吃法。

ねぎまぐろ／ネギマグロ
蔥鮪魚
NE GI MA GU RO

鮪魚切碎加上蔥花的吃法。

いくら／イクラ
鮭魚卵
I KU RA

醬油醃漬過的魚卵，通常會較鹹，不需要再沾醬油。

とびこ／とびっこ
飛魚卵
TO BI KO

ししゃもっこ
柳葉魚卵
SHI SHA MO KO

相對比較少見的類別。

納豆
納豆
NA TO

えびマヨ
蝦美乃滋
E BI MA YO

サラダ
海鮮沙拉
SA RA DA

雖然名為沙拉，但還是會加入貝類、蝦之類的海鮮碎丁。

壽司店菜單
MENU

ツナサラダ
鮪魚沙拉
TSU NA SA RA DA

いかおくら／イカオクラ
烏賊秋葵
I KA O KU RA

アサリバター
海瓜子奶油
A SA RI BA TA

コーン
玉米
KON

赤貝ひも
血蛤貝唇
A KA GA I HI MO

タラマヨ
鱈魚美乃滋
TA RA MA YO

生しらす
生魩仔魚
NA MA SHI RA SU

たら白子／タラ白子
鱈魚白子
TA RA SHI RA KO

這也是蠻賭人品的品項。

あん肝
鮟鱇魚肝
AN KI MO

台灣人熱愛的鮟鱇魚肝。

かにみそ／カニミソ
蟹膏
KA NI MI SO

好吃不好吃差很多，需要人品囉。

めいたいこ
明太子
MEN TA I KO

カキ
牡蠣
KA KI

捲壽司

プチ寿司／手まりずし
迷你壽司／手鞠壽司
PU CHI ZU SHI / TE MA RI ZU SHI

手鞠壽司目前很流行，小小很可愛，受到女性熱烈歡迎！

鉄火巻
鮪魚細卷
TE KA MA KI

鐵火就是鮪魚，以前賭博的地方叫做鐵火場，因為方便食用而得名。

きゅうり巻／かっぱ巻
小黃瓜細卷
KYU RI MA KI / KA PA MA KI

河童最愛小黃瓜了！

MENU

納豆巻
納豆細卷
NA TO MA KI

穴子押し寿司
星鰻壓壽司
A NA GO O SHI ZU SHI

壓壽司比較可以存放，常常帶出去野餐。

干瓢巻
干瓢細卷
KAN PYO MA KI

曬乾的瓢瓜製成。

えび天巻
炸蝦卷
E BI TEN MA KI

壽司店的其他餐點

豚汁
豬肉味噌湯
TON JI RU

加入豬肉會比較油一點。

あさりの味噌汁／アサリの味噌汁
海瓜子味噌湯
A SA RI NO MI SO SHI RU

鉄砲汁
蟹味噌湯
TE PO JI RU

因為蟹管很像槍管而得名。

からあげ
唐揚炸雞
KA RA A GE

茶碗蒸し
茶碗蒸
CHA WAN MU SHI

天ぷら
天婦羅
TEN PU RA

フライドポテト
炸薯條
HU RA I DO PO TE TO

サラダ
沙拉
SA RA DA

シーザーサラダ
凱薩沙拉
SHI ZA SA RA DA

枝豆
毛豆
E DA MA ME

らーめん／ラーメン
拉麵
RA MEN

うどん
烏龍麵
U DON

そば
蕎麥麵
SO BA

\ speak! /
壽司店常用會話 ~~~~~~~~~~~~~~~~~~~~~~~~~~~~~

在單點壽司的店家，如果不太會點餐，可以告知店家預算，請他們幫忙配。不過如果預算太低，可能會有點丟臉。

請幫我配 3000 日圓的壽司。
3,000 円おまかせでお願いします
SAN ZEN EN O MA KA SE DE O NE GA I SHI MA SU

如果有自己不敢吃的食材，請店家配時也要注意。

我不敢吃○○。
○○が苦手です
○○ GA NI GA TE DE SU

如果有需求，可以試著跟店家索取有圖片的菜單。

這裡有圖片的菜單嗎？
写真の付いたメニューはありますか
SHA SHIN NO TSU I TA ME NU WA A RI MA SU KA

不喜芥末的人，這兩句請務必記得哦！

請幫我去掉芥末。
サビ抜きにしてください
SA BI NU KI NI SHI TE KU DA SA I

芥末要少一點。
サビを少なめにしてください
SA BI O SU KU NA ME NI SI TE KU DA SA I

有些壽司可以透過炙燒吃到不同的口感，想嘗試的話不妨詢問店家。

請幫我炙燒。
炙りにしてください
A BU RI NI SHI TE KU DA SA I

想要多的薑片、芥末，桌上沒有的時候才問店員。

請給我薑片。
がりをください
GA RI O KU DA SA I

我想要額外的芥末。
サビをください
SA BI O KU DA SA I

壽司店常見疑問

Q 到高檔壽司店吃東西，服裝上有沒有什麼要注意的？

A 不管是什麼等級的壽司店，都有個很大的禁忌，那就是不能擦香水！就算洗髮精太香也不可以，因為濃郁的香味，會影響到其他人品嘗。如果有這樣的情形，可能要請店員幫你安排到邊邊角角，或是包廂的位子。

Q 吃生魚片要注意順序，吃壽司也是一樣嗎？

A 一般來說吃生魚片會從顏色淡的白身魚、貝類開始享用，這樣才不會讓味道濃郁的魚料去蓋掉淡味的食材。但如此一來就會影響你點餐的自由度，所以還是別太在意這個順序比較好。也是因為需要沖淡口中味道，才會有薑片跟熱茶提供給客人，當你覺得口中味道太濃，記得先用薑或茶來清清味道，再吃下一個壽司，比較能吃出壽司料的美味，以及師傅的手藝喔！

Q 我喜歡壽司配著薑片吃，可以嗎？

A 如上題所說，薑是用來清味道的，你跟壽司一起吃，不就把好好的壽司味道都清掉了嗎？當然這是你的自由，沒什麼不可以。若你堅持這麼做，請多點一些便宜的壽司，不然旁人看到會很扼腕的。

Q 吃壽司時，蘸很多醬油跟芥末比較好吃嗎？

A 醬油跟芥末主要目的是提味，而不是成為口中味道的主角。如果去到水準一般的壽司店，或許你需要沾很多醬油才可以下嚥。但如果是比較講究的壽司店，真的是配一點點芥末，一點點醬油來吃就好了。這樣才能吃到壽司料的美味，以及跟醋飯的完美搭配。美味是在整體味覺的平衡，要是醬油搶走主角光彩就不好了。

Q 用手抓壽司來吃比較專業嗎？

A 確實是會看起來比較專業，但吃壽司不一定是要追求專業的感覺，還是自己習慣、舒服就好了。如果要用手吃的話，記得要把手洗乾淨；每吃一個就用濕毛巾擦手，必要時去洗手間洗乾淨，比較衛生，也才能吃到原味。

Q 要怎麼用筷子夾壽司，以及怎麼沾醬油比較正確呢？

A 原則上請先讓壽司倒下來，然後用筷子上下同時夾住壽司料跟醋飯，避免壽司料與醋飯分離。蘸醬油時，盡量以壽司料去碰醬油，而不是醋飯。不然醋飯們很可能在醬油海中分離，造成很髒又很困擾的情況。

Q 吃迴轉壽司時，我看錯我想吃的壽司，可以放回軌道嗎？

A 當然不可以！拿了就要負責任，你得要負責那盤壽司的一生了，所以拿之前一定要想清楚喔！

壽司店舖情報

京寿司｜福岡

每天都到北九州中央市場進貨的迴轉壽司，最重視食材的新鮮與品質，堅持不使用任何冷凍魚料。是在日本美食口碑網站上，榮獲迴轉壽司類全國第一名的店家。壽司種類十分多元，一般壽司店有的壽司，這裡幾乎都可以吃到，也有像是「油菜花鮭魚壽司」等店家獨特的創意壽司。

店名｜京寿司 門司店　**地址**｜福岡縣北九州市門司区東新町 1-1-1 タカフジビル 2F　**電話**｜093-372-7890　**營業時間**｜11:00-15:00、17:00-22:00　**公休日**｜無

ひょうたんの回転寿司｜福岡

創業店主雖已經高齡八十歲了，但仍每天親自到市場挑選店內要用的魚貨，可說是一家非常有態度的壽司店。以迴轉壽司來說，價格設定有比較高價一些，但相對的能吃到更多的高級食材。像是煮星鰻、鮪魚大腹、活章魚等等，都是店內極受歡迎的商品。

店名｜ひょうたんの回転寿司　**地址**｜福岡縣福岡市中央区天神 2-11-3 ソラリアステージ専門店街 B2F　**電話**｜092-733-7081　**營業時間**｜11:00-21:00　**公休日**｜無

回転すし大漁丸 みなとさかい店｜鳥取

堅持使用每日漁港直送的新鮮水產，並以平實價格提供給客人。冬季可以吃到多種松葉蟹、紅楚蟹的相關菜色，非常值得一吃，特別是炙燒的蟹壽司，那香氣令人放棄任何抵抗。除了蟹之外，春夏的銀鮭魚、夏天的黑鮪魚也都是店裡的明星商品。

店名｜回転すし大漁丸 みなとさかい店　**地址**｜鳥取縣境港市大正町 215 番地 みなとさかい交流館 1F　**電話**｜0859-44-5522　**營業時間**｜11:00-15:00、17:00-20:30　**公休日**｜無

もりー｜東京

東京知名迴轉壽司店，使用紅醋飯來做壽司，每一盤都是 150 日圓，價格平實，魚料也不錯。這間店還有一個很特別的地方，那就是一盤壽司（兩貫），可以分開點，譬如說一半鮭魚一半比目魚，對於想吃很多種壽司的人來說，簡直是一大福音。

店名｜もりー 神保町店　**地址**｜東京都千代田区神田神保町 2-24-6　**電話**｜03-3262-6194　**營業時間**｜11:00-22:00　**公休日**｜無

まるかつ水産｜北海道

位於金森倉庫群美食區的本店，可以享受到北海道高 C/P 值的各式壽司，如遇到假日可是會大排長龍，建議要避開正餐時段。壽司走王道路線，比較沒有醬菜，常見的鮪魚大腹、鮭魚、或是竹筴魚等，都有很不錯的水準。點餐可以用平板電腦，所以就算不懂日文也完全沒問題。

店名｜回転寿司函館まるかつ水産　本店　**地址**｜北海道函館市豊川町 12-10　函館ベイ美食倶楽部　**電話**｜0138-22-9696　**營業時間**｜11:30-15:00、16:30-21:00　**公休日**｜週三、每月第二個星期四

梅丘寿司の美登利総本店｜東京

可能是外國觀光客最愛的日本壽司店，不論何時到，總是大排長龍。價錢相對於都內一些有裝潢的店來說，美登利算是平價的，鮪魚中腹、海膽、鮭魚卵都是必點單品，一點也不輸其他高級店。若有 3000 日圓預算的話，就能吃到非常滿足了！

店名｜梅丘寿司の美登利総本店　渋谷店　**地址**｜東京都渋谷区道玄坂 1-12-3　マークシティイースト 4F　**電話**｜03-5458-0002　**營業時間**｜11:00-22:00　**公休日**｜1/1

菊鮨｜福岡

刊載於《米其林美食指南》福岡、佐賀版的壽司店，年輕老闆承襲上一代的招牌，僅有二十個位子，採取全預約制，午晚餐都是無菜單。午餐會以壽司為主，晚餐則有店主精心創作的小菜可以品嘗。以午餐 4000 日圓，晚餐 10000 日圓的費用標準來說，可說是非常實惠的。

店名｜菊鮨　**地址**｜福岡県春日市春日公園 3-51-3　**電話**｜092-575-0718(用餐需預約)　**營業時間**｜12:00 ～ 14:00、18:00 ～ 22:00　**公休日**｜週一

浜寿司｜青森

大間是日本最有名的黑鮪魚產地，到大間吃黑鮪魚壽司，一直以來都是鮪魚迷的夢想。浜寿司在大間已經經營有五十年以上的歷史，是品質非常穩定的老店。店內「本鮪握り盛合わせ」可以一次吃到黑鮪魚的大腹、中腹、赤身三種部位，吃的每一口都是感動，非常值得一試。

店名｜浜寿司　**地址**｜青森県下北郡大間町 69-3　**電話**｜0175-37-2739　**營業時間**｜11:30-21:30　**公休日**｜不定休

Chapter 4

日本國民美食

拉麵 篇

拉麵
ラーメン（RA MEN）

日本拉麵史

　　拉麵已是公認的日本國民美食，但實際上日本傳統料理多以米飯為主，拉麵其實是由「中華麵」演變而來的！你相信嗎？根據紀載，最早在西元一六六五年，水戶藩主水戶光圀是第一個吃到中華麵的日本人，只是此時還未普及到一般庶民。直到一八七二年明治維新，日本開國後，橫濱中華街才開始有中華料理店。一九一〇年，東京淺草出現第一家拉麵專門店「來來軒」，口味為醬油拉麵。各地拉麵始祖店，幾乎都是開設於昭和時期，因此和食專家便稱這年為拉麵元年。

　　二次大戰結束後，從中國返回日本的人於各地開設大量拉麵屋台，拉麵更出現口味上的變化，例如久留米「三九」開始販售豚骨白湯拉麵，中野「大勝軒」的山岸一雄氏開發沾麵，札幌「味の三平」，大宮守人氏開發味噌拉麵等，到了一九七一年，日清食品發明杯麵，拉麵早就成為日本人生活中的一部分了。

誤打誤撞的名稱

　　在街上有時候會看到「中華そば」（SOBA）的招牌，如果不知道的話，搞不好會以為是中華風調味的蕎麥麵呢！但其實「中華そば」不是指蕎麥麵，正是拉麵的意思。因為拉麵傳入日本時，當時的人根本沒聽過這種食物，如果不用個淺顯易懂的名字，就很難吸引人去消費，所以就把這種有湯汁的麵條狀食物，取名為「支那そば」，後來又改名為「中華そば」，意即中國那邊所吃的類蕎麥食物。這種取名字的方式，有點像我們說的「義大利麵」或「比利時鬆餅」一樣。

　　而「ラーメン」（拉麵）這稱呼會開始普及，則是在一九五八年時，日清推出第一款泡麵「チキンラーメン」（雞拉麵）後，才廣為流傳的。

沖繩そば（SO BA）是什麼

　　沖繩そば是沖繩地區傳統的麵食，跟使用日本本土的蕎麥也是不同的食物。使用的麵條比較接近中華麵，跟拉麵一樣是用小麥粉製成的。湯通常是用柴魚或大骨取的高湯，而配料上大多為三層肉、魚板。也是相當有特色的風味食物！

拉麵的基本

　　拉麵的湯（スープ／SU PU）是在碗底加入醬或粉（タレ／TA RE），然後依照店家配方倒入高湯（出汁／DA SHI）所完成的，我們常聽到的高湯如豚骨、魚介系，而醬則有醬油、味噌、塩等等。有時候會以兩種或以上的高湯來調製，像是使用一點煮干高湯來降低豚骨的豬臭味及油膩感，都是常見的方式。當然還有不用湯頭分類的拉麵，可說是變化萬千。

常見用醬

醬油
醬油
SHO YU

傳統拉麵的口味。

塩
塩味
SHI O

有些店會混合多種不同的塩。

味噌
味噌
MI SO

北海道為主的口味。

背脂
豬背脂
SE A BU RA

豬油可保溫，提昇湯頭口味。

辛子
辣醬
KA RA SHI

也有辣粉的形式。

辛味噌
辣味噌
KA RA MI SO

カレー
咖哩
KA RE

常見高湯

とんこつ
豚骨
TON KO TSU

最常見的豬骨白色湯汁。

魚介系
魚介
GYO KAI KE I

用柴魚、小魚干或海鮮類熬製。

ニボシ／煮干し
小魚干
NI BO SHI

以小魚干熬製。

鶏白湯
雞白湯
TO RI PA I TAN

雞骨熬製成白色湯汁。

牛骨
牛骨
GYU KO TSU

鳥取的特色拉麵。

げんこつ
豬腿骨
GEN KO TSU

連鎖店花月嵐常用此命名。

トリガラ／鳥ガラ
雞骨
TO RI GA RA

雞骨熬製成清湯。

野菜
蔬菜
YA SAI

テールスープ
牛尾湯
TE RU SU PU

拉麵的主配料

肉そぼろ	ワンタンメン	チャーシュー麺
肉燥	**餛飩麵**	**叉燒麵**
NI KU SO BO RO	WA TAN MEN	CHA SHU MEN
沒有叉燒的拉麵常以肉燥取代。	餛飩為主。	叉燒肉比較多的拉麵。

還有些別具特色的形式

ちゃんぽん
強棒拉麵
CHAN PON

炒過的蔬菜加入白湯製成的拉麵。

つけめん
沾麵
TSU KE MEN

沾濃稠醬汁食用的拉麵。

タンタンメン／担々麵
担担麵
TAN TAN MEN

改良自中國的紅油担担麵。

台湾ラーメン
台灣拉麵
TA I WAN RA MEN

辣肉燥湯麵,由名古屋的中華料理店「味仙」所開發,造成流行後,其他店家也爭相模仿。

台湾まぜそば
台灣乾拌麵
TA I WAN MA ZE SO BA

肉燥乾拌麵,不一定是辣的。

油そば
拌麵
A BU RA SO BA

沒有湯汁,乾的拉麵。

日本全國在地拉麵

除了全國流行的味噌、豚骨拉麵或沾麵等等拉麵種類之外，日本各地也常常會發展出獨特的拉麵，如果沒有前往，就不太能吃到的在地口味。如果有到這些地方的話，不妨一試哦！

熊本拉麵

🍜 P
熊本ラーメン
熊本県熊本市
豚骨與雞骨湯，加入炸過的蒜油的拉麵。

🍜 O1
博多ラーメン
福岡県福岡市
豚骨白湯，偏硬口感的極細麵。

🍜 O2
焼きラーメン
福岡県福岡市
無湯的博多拉麵，屬屋台料理。

🍜 O3
久留米ラーメン
福岡県久留米市
類似博多拉麵，味道較濃郁。

沖繩拉麵

🍜 Q1
沖縄そば
沖縄県
柴魚湯，清爽口味的拉麵。

🍜 Q2
ソーキそば
沖縄県
主配料為豬小排的沖繩麵。

札幌味噌拉麵

北海道

札幌　旭川
A5　**A1**
北広島
A4
A2　苫小牧
函館 **A3**

旭川鹽味豚骨拉麵

B
青森

岩手
C
山形
宮城

新潟
I

福島
D

栃木
E
東京 **F**
G 横浜

函館鹽味拉麵

仙台味噌拉麵

B
津軽ラーメン
青森県弘前市
魚介與雞骨湯配醬油
的拉麵。

C
仙台ラーメン
宮城県仙台市
使用仙台味噌的拉麵。

D
喜多方ラーメン
福島県喜多方市
魚干與豚骨湯配醬油
的拉麵。

A1
旭川ラーメン
北海道旭川市
魚介與豚骨湯拉麵。

A2
カレーラーメン
北海道苫小牧市
稀有的咖哩湯拉麵。

A3
函館塩ラーメン
北海道函館市
湯汁清澈的塩味拉麵。

A4
地獄ラーメン
北海道北広島市
加入大量辣粉的拉麵。

A5
札幌ラーメン
北海道札幌市
二至三種味噌調製，
有時加入奶油的拉麵。

台灣拉麵

🍜 H1
台湾ラーメン
愛知県名古屋市
醬油湯加入辣肉燥，口味
很辣的拉麵。

🍜 H2
台湾まぜそば
愛知県名古屋市
無湯版本的台灣拉麵。

🍜 I
燕三条系ラーメン
新潟県燕市、三条市
醬油湯加入大量背脂，極
粗麵。

🍜 J
高山ラーメン
岐阜県高山市
雞骨湯加入醬油煮成湯
底的拉麵。

和歌山醬油豚骨拉麵

🍜 N
徳島ラーメン
徳島県
豚骨湯配醬油的拉麵。

🍜 K
和歌山ラーメン
和歌山県
豚骨湯配醬油的拉麵。

北海道

札幌
A5
旭川
A1
北広島
A4
A2 苫小牧
函館 A3

鳥取牛骨拉麺

🍜 L
鳥取牛骨ラーメン
鳥取県
牛骨湯配醬油的拉麵。

🍜 M1
広島ラーメン
広島県広島市
豚骨湯配醬油，屬直細麵。

🍜 M2
尾道ラーメン
広島県尾道市
魚介系配醬油，屬直細麵。

B
青森
岩手
山形
C
宮城
新潟
I
福島
D
栃木
E
東京
F
G 横浜

栃木県佐野拉麺

🍜 E
佐野ラーメン
栃木県佐野市
雞骨湯配醬油，屬平扁麵。

🍜 F
東京ラーメン
東京都
雞骨湯配醬油，屬中細麵。

🍜 G
家系ラーメン
神奈川県横浜市
豚骨湯配醬油的粗麵。

一般在點拉麵的時候，除了一開始就放進去的基本配料之外，通常可以加錢自選配料。拉麵店常見的配料有那些呢？

常見自選配料

1	2

1. 叉燒
2. 溫泉蛋

ゆでたまご
水煮蛋
YU DE TA MA GO

温泉卵
溫泉蛋
ON SEN TA MA GO

玉ねぎ／タマネギ
洋蔥
TA MA NE GI

メンマ
筍乾
MEN MA

ナルト
漩渦魚板
NA RU TO

キャベツ
高麗菜
KYA BE TSU

高菜／タカナ
高菜
TA KA NA
類似台灣酸菜。

替玉
加麵
KA E TA MA
加麵時如果湯太少，店家通常還會幫加湯。

バター
奶油
BA TA
北海道常見。

紅しょうが
紅薑
BE NI SHO GA

チャーシュー
叉燒
CHA SHU
也有用雞肉做的。

味玉／味付玉子
滷蛋
A JI TA MA ／ A JI TSU KE TA MA GO
常常是半熟蛋。

コーン
玉米
KON

拉麵的配料
MENU

```
    2
1 |---| 4    1. 豆芽菜   3. 蔥
    3          2. 海苔   4. 魚板
```

月見 **生蛋** TSU KI MI	きくらげ／キクラゲ **木耳** KI KU RA GE	ニラ **韭菜** NI RA
ねぎ／ネギ **蔥** NE GI	ごま／ゴマ **芝麻** GO MA	レモン **檸檬** RE MON
白髮ネギ **細絲白蔥** SHI RA GA NE GI	にんにく／ニンニク **大蒜／蒜頭** NIN NI KU	ラー油 **辣油** RA YU 通常不是很辣。
のり **海苔** NO RI	ほうれんそう **菠菜** HO REN SO	
もやし／モヤシ **豆芽菜** MO YA SHI	角煮 **爌肉** KA KU NI	

　　拉麵店裡除了拉麵本身之外，通常還會有其他可以讓客人選擇的小菜或吃飽的丼飯，如果覺得光吃拉麵不夠飽的話，還可以試試其他的料理哦！

1	2	1. 叉燒丼
	3	2. 高菜丼
		3. 餃子

ぎょうざ／ギョーザ	高菜丼	おむすび／おにぎり
餃子	**高菜丼**	**飯糰**
GYO ZA	TA KA NA DON	O MU SU BI ／ O NI GI RI
通常是指煎餃。	類似我們的酸菜，以芥菜製成。	烤過的前面會加上「焼き」。

水餃子	サラダ	ごはん／ライス
水餃	**沙拉**	**白飯**
SU I GYO ZA	SA RA DA	GO HAN ／ RA I SU

チャーシュー丼	キムチ	玉子焼き
叉燒丼	**泡菜**	**玉子燒**
CHA SHU DON	KI MU CHI	TA MA GO YA KI

ネギトロ丼	ナムル	明太子
蔥鮪魚丼	**韓式涼拌菜**	**明太子**
NE GI TO RO DON	NA MU RU	MEN TAI KO
	通常以豆芽菜為主。	炙燒的前面會加上「炙り」。

拉麵以外的菜單
MENU

$\dfrac{2}{3} \Big| 1$

1. 唐揚炸雞
2. 炒飯
3. 烤叉燒

チャーハン／やきめし
炒飯
CHA HAN ／ YA KI ME SHI

唐揚げ／からあげ
唐揚炸雞
KA RA A GE

卵かけごはん
生蛋拌飯
TA MA GO KA KE GO HAN

\ speak! /
拉麵店常用會話

基本上不是所有拉麵店都可以分食，所以請心裡預設為「不可以分食」，再進去店裡會比較好。

請問拉麵可以分食嗎？
ラーメンの取り分けは可能ですか
RA MEN NO TO RI WA KE WA KA NO DE SU KA

如果吃不下拉麵，單純是陪朋友去的話，可以問問看能不能小酌。

我可以只點啤酒跟小菜嗎？
ビールとおつまみだけ頼んでもいいですか
BI RU TO O TSU MA MI DA KE TA NON DE MO I DE SU KA

99

拉麵的客製化

很多店家都可以針對客人口味做一定程度的調整，大致上會有下列項目，但並非所有店家全部項目都能調整，所以可能要問一下哪些項目可以調整喔！

常見的點單方式

「味の濃さ」表示味道濃度或說鹹度，主要指加入醬（タレ）的量多寡。

較淡	普通	較濃
薄め	ふつう	濃いめ
U SU ME	FU TSU	KO I ME

「こってり度」是指湯頭濃度。至於寫作「汁なし」表示無湯的拉麵，例如「汁なしタンタンメン」，就是乾的紅油担担麵。

無	清爽	基本	濃	超濃
なし	あっさり	基本	こってり	超こってり
NA SHI	A SA RI	KI HON	KO TE RI	CHOU KO TE RI

「油の量」是指湯頭中豬背脂的量。

較少	普通	較多	兩倍
少なめ	ふつう	多め	ダブル
SU KU NA ME	FU TSU	O O ME	DA BU RU

「麵の太さ」表示麵的粗細，可以選自己喜歡的麵條。

粗麵	細麵
太麵	細麵
FU TO MEN	HO SO MEN

「麵の硬さ」就是麵條在煮時的軟硬程度了，來選自己喜歡的口感吧！

超硬	偏硬	普通	偏軟	超軟
超かため	かため	ふつう	やわめ	超やわめ
CHOU KA TA ME	KA TA ME	FU TSU	YA WA ME	CHOU YA WA ME

「ねぎ」就是蔥的意思，通常有白蔥和青蔥兩種可以選擇。

白蔥	青蔥
白ねぎ	青ねぎ
SHI RO NE GI	A O NE GI

「辛だれ」是辣醬的意思。喜歡吃辣的人可以選兩倍。

無	偏少	兩倍
なし	少なめ	ダブル
NA SHI	SU KU NA ME	DA BU RU

麺 dining 月乃家｜和歌山

和歌山名店，跟另一間「清乃」，並列和歌山拉麵的高峰。招牌是豚骨醬油拉麵，敢吃重口味的十分推薦選擇特濃口味，味道確實非常濃郁，拉麵湯帶點濃稠度，但不會因為這樣就讓人膩口，反而可以吃到一種清爽的香氣。擺盤非常漂亮，很適合拍照上傳社群網站。

店名｜麺 dining 月乃家　**地址**｜和歌山県有田郡有田川町大字天満 428-1　**電話**｜0737-52-5716　**營業時間**｜11:00-15:30、18:00-21:00　**公休日**｜週二

中華そば 高安｜京都

京都拉麵激戰區一乘寺裡數一數二的名店，整面明亮落地窗，彷如美容院的裝潢，因此聚集了不少女性客群。拉麵則是豚骨混合雞骨的白濁湯，看起來雖濃郁，卻沒有一點豬油臭味，湯喝起來也是相當清爽，也難怪女性客人會這麼多了。另外唐揚炸雞也是必點的，吃不完還能外帶真的很貼心。

店名｜中華そば 高安　**地址**｜京都府京都市左京区一乘寺高槻町 10　**電話**｜075-721-4878　**營業時間**｜11:30-02:00　**公休日**｜不定休

麺劇場玄瑛｜福岡

《米其林美食指南》福岡、佐賀版中，唯二登上版面的拉麵店，不論任何時間過去，都是客滿狀態的人氣拉麵店，整個座位設計的就像一個劇院。拉麵是很稀有的豚骨清湯，藏在豚骨後面的是海鮮味醬油，使整碗麵在厚重之餘還帶一點高雅，玄瑛果然屬害。

店名｜麺劇場玄瑛　**地址**｜福岡県福岡市中央区薬院 2-16-3　**電話**｜092-732-6100　**營業時間**｜週一 11:30-14:30、週三至週日 11:30-14:20、18:00-22:00　**公休日**｜週二

六厘舍｜東京

曾經因為夜夜大排長龍而被迫停業的傳說名店，也是啟蒙我對魚介系沾麵喜愛，如同導師一般的存在。濃郁的魚介豚骨沾汁，第一口是比較內斂的，但一口又一口吃下去，鮮味彷彿會累積一樣，慢慢在口中爆發出來，不知不覺已經吃了一半。最後再加入柴魚高湯喝下，連一滴湯汁也不想浪費啊！

店名｜六厘舍 羽田空港店　**地址**｜東京都大田区羽田空港 2-6-5 東京スカイキッチン 3F　**電話**｜03-6303-6825　**營業時間**｜08:30-16:30　**公休日**｜無

味仙 今池本店｜愛知

名古屋美食——台灣拉麵的創始店。所謂的台灣拉麵，就是雞骨高湯加上用鮮辣椒炒成的辣味肉燥麵。強烈的辣味在第一口就會衝到鼻頭，雖然很辣，但凌駕於辣味之上的鮮味，又讓我筷子停不下來地猛吃，邊喝水也想吃完最後一口，真的是太爽快了！

店名｜味仙 今池本店　**地址**｜愛知県名古屋市千種区今池１丁目12-10　**電話**｜052-733-7670　**營業時間**｜17:30~02:00　**公休日**｜無

登竜門｜沖繩

看起來雖不起眼，但是一個不管對於湯頭、麵體甚至桌上的辣油都很講究的拉麵店。以雞骨與雞爪及數種類蔬菜熬煮而成的黃金湯，製成幾種招牌拉麵。最受歡迎的就是紅油擔擔麵，香而不辣的濃郁湯頭絕讚！女性則推薦番茄拉麵，清爽的番茄跟湯頭的完美融合，帶領我們朝向另一個境界。

店名｜登竜門　**地址**｜沖縄県那覇市久茂地 2-11-16　**電話**｜098-988-0044　**營業時間**｜11:30-15:00、19:00-02:00　**公休日**｜週日

麵家ゐをり｜栃木

於二○○八年開幕的本店，在當地雖然歷史不是很長，但深受在地人的歡迎。華麗時尚的建築物，吸引了不少女性客群。佐野拉麵以醬油系清湯拉麵著稱，不過這家最好吃的是塩味拉麵，湯頭雖清澈但口味卻是厚重的，而加入的鹽恰到好處的形成豐富的層次，也不會越吃越鹹，真的很推薦。

店名｜麵家 ゐをり　**地址**｜栃木県佐野市植下町 1089　**電話**｜0283-21-1131　**營業時間**｜11:30-15:00、17:30-21:00　**公休日**｜週一

味の札幌 大西｜青森

以札幌味噌拉麵為基底，加入咖哩粉與牛奶，還額外附上奶油，可說集結了所有罪惡深重元素在內的青森特色拉麵「味噌咖哩牛奶拉麵（味噌カレー牛乳ラーメン）」的名店。在青森僅有五家提供可以吃到此款拉麵，大西是其中最常上媒體的一家，人氣很旺，常常都在排隊。口味溫潤，不會太過嗆辣，咖哩粉適度刺激食慾，確實非常美味。

店名｜味の札幌 大西　**地址**｜青森県青森市古川１丁目 15-6　**電話**｜017-723-1036　**營業時間**｜11:00 ～ 18:00　**公休日**｜週二至週三

Chapter 5

登上世界文化遺產之殿堂

和食 篇

和食

にほんりょうり（NI HON RYO RI）

二〇一三年三月時，聯合國文科會將「和食」，也就是我們常說的日本料理，指定為無形文化遺產，隨後世界便掀起一股「和食旋風」，從壽司、拉麵、丼飯、天婦羅到串燒，無一不受到矚目，各地都能看到日式料理店一間一間開幕的現象。以前大家會為了文化、風景到日本玩，現在則有很多人會為了日本的美食，特地飛到日本旅行。

廣義的和食，其實還要包含從外國傳入日本，然後產生變化的料理，常稱為「新日本料理」。像是鐵板燒、拉麵、咖哩飯、豬排等等都算「新日本料理」的範圍之中。這個章節整理了從家常到宴會料理中，餐桌上有可能看到的菜色，也針對各種專門店，如豬排店、烏龍麵、蕎麥店等，進行分門別類，希望你能更快點到想吃的料理。

總是擺滿整張桌子的會席料理。

1	3
2	

1. 日本的火車便當往往也都很講究呢！
2. 豐盛的日式早餐。
3. 飯店自助餐可以吃到多種美食。

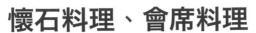

懷石料理、會席料理
かいせき（KA I SE KI）

懷石料理、會席料理起源

　　懷石成立於安土桃山時代，本來是茶道（茶の湯）舉辦正式茶會時，主辦方用來招呼客人的料理。這個目的是為了不會讓客人因處於空腹狀態，影響濃茶的品飲，份量不多。當時懷石料理的形式為「一汁三菜」，分別為刺身、煮物、燒物。

　　而料亭中用來招待客人的套餐、全席，則稱為「會席料理」。因為日文發音「かいせき」跟懷石完全一樣，所以常常被混為一談。不只名稱相似，事實上會席料理也參考了懷石的格式，以料理的內容來說，其實是很難區分的。但有一點是截然不同的，那就是料理的目的。相對於懷石是要讓茶客果腹，會席料理則是提供給酒客，讓他們能喝個盡興。這也是為什麼懷石的飯類料理會在一開始就上，而會席料理則會在最後才出的原因。

懷石的順序

　　懷石重視格式與順序，但也會因為流派不同而有所差異，大致上的順序是這樣子的。

①. **飯、汁、向付（一菜）**

　　汁即指味噌湯，向付通常為生魚片，連同米飯會由主人親自送上。把飯跟味噌湯吃完之後，會先把生魚片留著，等酒上來之後才吃。

②. **酒**

　　主人會幫客人斟酒。

③. **煮物（二菜）**

　　煮物會裝在蓋碗之中，這等於是懷石之中的主菜。同時也會拿出飯桶，客人可自己添飯。主人也會請人端上新的味噌湯。

④. **燒物（三菜）**

　　燒物即烤的料理，通常為烤魚。燒物會放在比較大的容器，並會放到客人面前，由客人輪流取菜，並放在自己的煮物碗蓋上。結束後主人會拿出酒壺，但這次是由客人為彼此斟酒。

⑤. **預け鉢**

　　意即再一道菜的意思。有時會稱為「強肴」。

⑥. **吸物**

　　「吸物」是指清湯的意思。餐點結束後會提供一小碗清湯，吸物會以蓋碗盛裝，這個蓋子要留著裝後面的酒菜。

⑦.八寸

「八寸」指的是四方形木盆，裡面會裝二至三種下酒用的小菜。主人會依照順序幫客人分下酒菜，並幫客人倒酒。之後便會進入互相敬酒的流程。

⑧.湯桶、香の物

湯桶指的是把飯釜底剩下的白飯或鍋巴煮成的粥，而香物則是醬菜。

⑨.菓子

此指餐後甜點。

懷石料理八寸

會席料理的內容

會席料理的菜單稱為「献立」，仿照懷石料理，以一汁三菜為主。奇數在日本是吉利的數字，如果要讓菜色更豪華，菜的數量一定會是奇數。如二汁五菜、二汁七菜等。會席料理又可分成一道一道上菜的方式，以及一口氣擺在宴會桌上等兩種形式。內容上並沒有固定，各餐廳的稱呼方式也可能會有不同，大致上包含這些品項。

會席料理的品項

食前酒	先付	吸物
酒	一開始就有的下酒菜	清湯
造り	強肴	凌ぎ
生魚片	中間出來的下酒菜	中間出來有飽足感的料理
焼き物	揚げ物	蒸し物
烤料理	炸料理	蒸料理
酢の物	止椀	香の物
醋漬料理	麵、飯類及味噌湯	醃菜
水物	菓子	
水果	甜點	

前菜

吸物

什麼是「板前」

　　板前就是日本料理店的師傅、廚師的意思。若精準分析字意的話，「板」是砧板的意思，而「板前」則是指站在砧板前的廚師。如果店裡有超過一位廚師的話，料理長也常被稱為「板長」。台灣日本料理店常會稱吧台座位為「板前席」，但日本並沒有這樣的稱呼。

「割烹」與「料亭」的差別

　　割烹原指日本料理的調理，「割」即是用菜刀切，而「烹」則是用火調理的意思。後來演變為跟料亭相對的意思，店名上有「割烹」的店，主要提供現點現做的料理，座位上也比較接近我們台灣的館子，座位以吧台及桌位為主；吧台位可以直接看到料理長在饕客的面前做菜，特別受到歡迎。至於「料亭」則是以事先設計好的菜單出菜，座位來說幾乎都是包廂，隱密性比較高，且會有負責服務，著和服的女服務生「仲居」。「割烹」有點像我們上館子的感覺，是和朋友、家庭聚餐，而「料亭」則適合用來宴客。

鄉土料理與 B 級美食

到日本各地旅行的時候，常常都會看到一些當地人吃的料理，都是使用在地食材，並以當地特有的方式烹調，統稱為「鄉土料理」。品嘗這些鄉土料理，特別有旅行到異地的感覺，不妨可以點來試試！

而跟鄉土料理類似的則是「B 級美食」，指的是各地為了振興觀光，而特別開發出來的在地特色料理，每年固定舉辦全國性的大型祭典，受到各方矚目，確實也為各地帶來不小的經濟效益，甚至會有專程來吃美食的遊客。

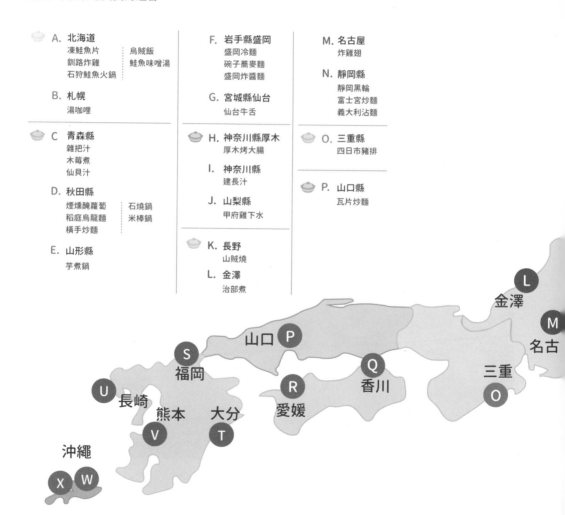

A. 北海道
凍鮭魚片　　烏賊飯
釧路炸雞　　鮭魚味噌湯
石狩鮭魚火鍋

B. 札幌
湯咖哩

C. 青森縣
雜把汁
木莓煮
仙貝汁

D. 秋田縣
煙燻醃蘿蔔　石燒鍋
稻庭烏龍麵　米棒鍋
橫手炒麵

E. 山形縣
芋煮鍋

F. 岩手縣盛岡
盛岡冷麵
碗子蕎麥麵
盛岡炸醬麵

G. 宮城縣仙台
仙台牛舌

H. 神奈川縣厚木
厚木烤大腸

I. 神奈川縣
建長汁

J. 山梨縣
甲府雞下水

K. 長野
山賊燒

L. 金澤
治部煮

M. 名古屋
炸雞翅

N. 靜岡縣
靜岡黑輪
富士宮炒麵
義大利沾麵

O. 三重縣
四日市豬排

P. 山口縣
瓦片炒麵

山口 P
福岡 S
長崎
熊本 V
大分 T
愛媛 R
香川 Q
三重 O
金澤 L
名古 M
沖繩
X W
U

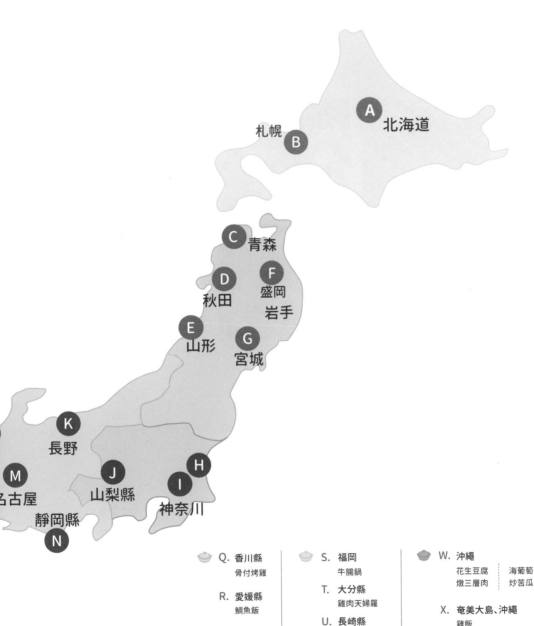

A　北海道

札幌　B

C　青森

D　　　　F
秋田　　盛岡
　　　　岩手

E　　G
山形　宮城

K
長野

J　　H
　　　I
山梨縣　神奈川

M
名古屋

靜岡縣

N

Q. 香川縣
　　骨付烤雞

R. 愛媛縣
　　鯛魚飯

S. 福岡
　　牛腸鍋

T. 大分縣
　　雞肉天婦羅

U. 長崎縣
　　土耳其飯

V. 熊本縣
　　芥末蓮藕
　　太平燕

W. 沖繩
　　花生豆腐　　海葡萄
　　燉三層肉　　炒苦瓜

X. 奄美大島、沖繩
　　雞飯

刺身

	2		
1	3	4	

1. 生肝片　　3. 生馬片
2. 鯖魚姿造　4. 凍鮭魚片

お造り／刺身
生魚片
O TSU KU RI ／ SA SHI MI

鯖の姿造り
鯖魚姿造
SA BA NO SU GA TA ZU KU RI

姿造是指上桌時保留整條魚形狀的生魚片。

イカ活造り
活烏賊生魚片
I KA I KI ZU KU RI

活造指在海鮮仍活著的狀態下切片。

イカソーメン
烏賊素麵
I KA SO MEN

將烏賊切成如麵條般的細絲。

湯葉刺し
湯葉生魚片
YU BA SA SHI

以湯葉製成類生魚片的食物。

刺身こんにゃく
蒟蒻生魚片
SA SHI MI KON NYA KU

以蒟蒻製成類生魚片的食物。

レバー刺し
生肝片
RE BA SA SHI

以生動物肝製成類生魚片的料理。

馬刺し
生馬片
BA SA SHI

馬肉以生魚片方式切片的料理。

ルイベ
凍鮭魚片
RU I BE

北海道的鄉土料理。原指冷凍保存食品的意思，通常在料理店看到的是鮭魚的凍魚片。

ふぐ刺し
河豚生魚片
FU GU SA SHI

関アジ
關竹筴魚
SE KI A JI

大分縣的鄉土料理。

沙拉

シーザーサラダ
凱薩沙拉
SI ZA SA RA DA

トマトサラダ
番茄沙拉
TO MA TO SA RA DA

豆腐サラダ
豆腐沙拉
TO HU SA RA DA

野菜サラダ
蔬菜沙拉
YA SAI SA RA DA

一品料理

玉子焼
玉子燒
TA MA GO YA KI

ジーマミー豆腐
花生豆腐
JI MA MI TO HU

沖繩常見料理。

からすみ
烏魚子
KA RA SU MI

あん肝
鮟鱇魚肝
AN KI MO

とろろ
山藥泥
TO RO RO

納豆
納豆
NA TO

いぶりがっこ
煙燻醃蘿蔔
I BU RI GA KO

秋田縣的鄉土料理,以澤庵(醃蘿蔔)燻製而成。

お新香
醃漬蔬菜
O SIN KO

海老真丈
蝦真丈
E BI SHIN JO

真丈是以魚漿或蝦漿,加入山藥、蛋白、高湯等做成的丸子,然後以蒸、煮或炸的方式做成的料理。

冷奴
冷豆腐
HI YA YA KO

海ぶどう
海葡萄
U MI BU TO

沖繩常見料理。

ほうれん草のおひたし
菠菜浸物

HO REN SO NO O HI TA SHI

將菠菜等蔬菜燙熟之後，加上柴魚
片，淋上醬油或高湯的料理。

辛子蓮根
芥末蓮藕

KA RA SHI REN KON

熊本縣的鄉土料理，以黃芥末、味
噌、蜂蜜製成醬料，填充至蓮藕的
空隙中，並靜置五小時，之後進行
油炸的料理。

和え物

白和菠菜

ほうれん草の白和え
白和菠菜

HO REN SO NO SHI RO A E

里芋のおかか和え
柴魚片拌芋頭

SA TO I MO NO O KA KA A E

以柴魚跟醬油做成醬汁，與蔬菜拌
在一起的料理。

ピーマンの胡麻和え
胡麻拌青椒

PI MAN NO GO MA A E

以搗碎的芝麻跟醬油做成醬汁，與
蔬菜拌在一起的料理。

牛肉のおろし和え
蘿蔔泥拌牛肉

GYU NI KU NO O RO SHI A E

以蘿蔔泥跟醬油做成醬汁，與牛肉
拌在一起的料理。

常見和食菜單
MENU

焼き物

ホタテの浜焼き
濱燒干貝
HO TA TE NO HA MA YA KI

濱燒是指把剛捕撈上岸的海鮮，直接在岸邊烤來吃的料理。

焼き魚
烤魚
YA KI ZA KA NA

烤魚的總稱，通常指秋刀魚、鯖魚等家庭常見魚類。

鯖の塩焼き
鹽燒鯖魚
SA BA NO SI O YA KI

只以鹽調味的烤魚。

さわらの西京焼き
馬加魚西京燒
SA WA RA NO SA I KYO YA KI

將魚片塗上西京味噌，然後烤熟的料理。

ブリの照り焼き
照燒鰤魚
BU RI NO TE RI YA KI

照燒是將以醬油為基底的醬汁，塗在魚片或肉片上，然後煎或烤的料理。

まぐろの兜焼き
烤鮪魚頭
MA GU RO NO KA BU TO YA KI

兜燒是將整個魚頭烤熟的料理。

鯛の姿焼き
鯛魚姿燒
TA I NO SU GA TA YA KI

姿燒是指上桌時仍保持魚原來的樣子，整尾上桌的料理。像鯛魚這種較大的魚，常用於宴會。

鮭のムニエル
奶油煎鮭魚
SA KE NO MU NI E RU

將魚類調味後加上麵粉，並以奶油煎熟的料理，屬西餐技法。

鯖の幽庵焼
鯖魚幽庵燒
SA BA NO YU AN YA KI

幽庵燒是把魚片以幽庵地（醬油、酒、味醂、柚子切片製成的醬汁）醃漬後烤來吃的料理。

ウナギの蒲焼
蒲燒鰻魚
U NA GI NO KA BA YA KI

將魚身去骨後上串，並塗上以濃口醬油調製成的醬汁烤製而成的料理。屬照燒的一種。

ほっけの一夜干し
花魚一夜干
HO KE NO I CHI YA BO SHI

一夜干是將魚身處理好後風乾，要吃時以燒烤方式製成的料理。

牡蠣の松前焼き
牡蠣松前燒
KA KI NO MA TSU MA E YA KI

松前就是昆布的意思，將牡蠣或其他食材放在昆布上，然後只加上醬油跟薄鹽烤熟的料理。

巣ごもり卵
蔬菜鳥巢蛋
SU GO MO RI TA MA GO

把蔬菜切絲，然後中間打蛋煎熟的
料理，看起來像是鳥巢。

田楽
田樂
DEN GA KU

將豆腐、蒟蒻、芋頭之類的食材串
起來，塗上味噌之後烤成的料理。

仙台牛タン
仙台牛舌
SEN DA I GYU TAN

宮城縣仙台的鄉土料理，駐留美軍
以食用牛舌肉來消耗牛肉剩餘部
位，結果造成大流行。

骨付鳥
骨付烤雞
HO NE ZU KE DO RI

香川縣的 B 級美食，將帶骨雞腿
以胡椒、蒜頭調味後烤成的料理。

厚木シロコロ・ホルモン
厚木烤大腸
A TSU GI SHI RO KO RO HO RU MON

神奈川縣厚木的 B 級美食，將豬大
腸切斷後直接以網子烤熟的料理。

漬物ステーキ
醃菜排
TSU KE MO NO SU TE KI

將醃菜疊成牛排形狀，並打蛋使其
固定的料理。

四日市とんてき
四日市豬排
YO KA I CHI TON TE KI

三重縣的 B 級美食，特色是會將
豬排切成棒球手套的形狀。

和牛の朴葉焼き
和牛朴葉燒
WA GYU NO HO BA YA KI

岐阜縣鄉土料理，將和牛放在葉片
上烤，並加入味噌。

たこ焼き
章魚燒
TA KO YA KI

鮭の味噌焼き
鮭魚味噌燒
SHA KE NO MI SO YA KI

陶板焼
陶板燒
TO BAN YA KI

會席料理中時常可看到的菜式，會
在桌上煎牛肉、海鮮等高級食材。

アワビの踊り焼き
活烤鮑魚
A WA BI NO O DO RI YA KI

常見和食菜單
MENU

揚げ物

天ぷら
天婦羅
TEN PU RA

以麵粉、蛋白作為麵衣油炸的料理。

桜海老かき揚げ
櫻花蝦搔揚
SA KU RA E BI KA KI A GE

搔揚是天婦羅的一種，會把魚肉、蔬菜之類的食材切小塊，然後用麵糊黏成一整塊下去炸。

エビフライ
炸蝦
E BI HU RA I

フライ是西式的油炸法，材料處理好後會沾麵粉、蛋液、麵包粉後下鍋炸。

とり天
雞肉天婦羅
TO RI TEN

大分縣的鄉土料理，將雞肉塗上麵粉，下鍋油炸的料理。

竜田揚げ
龍田炸雞
TA TSU TA A GE

做法與唐揚類似，只差在食材會先用醬油醃漬調味。

唐揚げ
唐揚炸雞
KA RA A GE

油炸的時候不沾粉或只沾薄粉的料理，通常指雞肉。如果有標註食材，則指相同炸法的其他料理。

山賊焼
山賊燒
SAN ZO KU YA KI

長野縣的鄉土料理，將雞肉以醬油、蒜頭醃漬之後，裹太白粉炸成的料理。

チキン南蛮
南蠻炸雞
CHI KIN NAN BAN

將唐揚炸雞淋上酸甜醬料的料理。也有加入塔塔醬的版本。

ザンギ
釧路炸雞
ZAN GI

北海道釧路起源的炸雞，原先是把整隻雞切好後直接下鍋炸，現在則統稱當地的炸雞。也可以是魚肉或其他肉。

手羽先
炸雞翅
TE BA SA KI

名古屋的 B 級美食，將雞翅裹上調味粉下去油炸的料理。

アジフライ
炸竹筴魚
A JI HU RA I

コロッケ
可樂餅
KO RO KE

馬鈴薯泥及絞肉炸成的肉餅。

揚げ出し豆腐
揚出豆腐
A GE DA SHI TO HU

用片栗粉沾滿豆腐下去油炸,再加入醬油或高湯的料理。

厚揚げ
厚切炸豆腐
A TSU A GE

只炸外皮部分,內部還保持豆腐口感。

`煮物`

カレイの姿煮
蝶魚姿煮
KA RE I NO SU GA TA NI

魚煮熟,並保留完整魚身上桌的料理。

金目鯛の煮付
金目鯛煮付
KIN ME DA I NO NI ZU KE

煮付是以清酒、味醂、醬油、砂糖所煮製而成的料理,是日式煮魚的基礎。

にくじゃが
馬鈴薯燉肉
NI KU JA GA

日本家庭常見料理,將肉、馬鈴薯、洋蔥炒過之後加入醬油、砂糖煮製而成的料理。

牛すじの煮込み
滷牛筋
GYU SU JI NO NI KO MI

ひじき煮
羊栖菜煮物
HI JI KI NI

加入紅蘿蔔及豬肉,以醬油及砂糖煮到湯汁收乾的料理。

里芋の煮物
煮芋頭
SA TO I MO NO NI MO NO

つくだ煮
佃煮
TSU KU DA NI

以長期保存為目的的煮物總稱,把蔬菜或魚類,會以醬油、味醂、砂糖煮成。

おばんざい
京番菜
O BAN ZA I

泛指京都一般家庭餐桌上常出現的配菜。

治部煮
治部煮
JI BU NI

金澤傳統煮物料理。以鴨肉為主的煮物。

筑前煮
筑前煮
CHI KU ZEN NI

將雞肉及蔬菜炒過之後加醬油煮成的料理。

常見和食菜單
MENU

```
1
— 3
2
```
1. 煮鰤魚頭
2. 燉三層肉
3. 滷豬腳

しぐれ煮
時雨煮
SHI GU RE NI

類似佃煮的料理，只是把內容換成肉類或貝類。

たこの柔らか煮
章魚柔煮
TA KO NO YA WA RA KA NI

把章魚、鮑魚之類肉質較硬的食材，煮到軟化的料理。

ラフテー
燉三層肉
RA HU TE

沖繩料理之一，類似台菜東坡肉。

甲府鳥もつ煮
甲府雞下水
KO HU TO RI MO TSU NI

山梨縣的 B 級美食，將雞的內臟以醬油煮至收乾的料理。

ハマチのあら煮／あら炊き
煮鰤魚頭
HA MA CHI NO A RA NI / A RA DA KI

あら煮是把魚頭以醬油、味醂、砂糖煮成的料理。

がんもどき／飛竜頭
雁擬／飛龍頭
GAN MO DO KI / HI RYU ZU

將豆腐搗碎，然後加入蓮藕、牛蒡等蔬菜，油炸而成，常用於日式煮物。

静岡おでん
靜岡黑輪
SHI ZU O KA O DEN

靜岡縣的 B 級美食，以醬油及牛筋高湯製作關東煮。

てびち
滷豬腳
TE BI CHI

沖繩人氣料理之一。

牛肉の赤ワイン煮込み
紅酒燉牛肉
GYU NI KU NO A KA WA IN NI KO MI

サバの味噌煮
鯖魚味噌煮
SA BA NO MI ZO NI

炒め物

```
  | 2    1. 沖繩炒苦瓜
1 |---   2. 炒雞肉
  | 3    3. 金平牛蒡
```

きのこバター炒め
奶油炒菇
KI NO KO BA TA I TA ME

豚ロース生姜焼き
薑燒豬里肌
BU TA RO SU SHO GA YA KI

きんぴらごぼう
金平牛蒡
KIN PI RA GO BOU

きんぴら是指把蔬菜切絲，然後以醬油、砂糖炒成的料理。

ゴーヤチャンプルー
沖繩炒苦瓜
GO YA CHAN PU RU

沖繩常見料理，以豆腐、雞蛋炒苦瓜。

チンジャオロース
青椒肉絲
CHIN JA O RO SU

日本中華料理的常見菜色。

ホイコウロウ
回鍋肉
HO I KO RO

日本中華料理的常見菜色。

酢豚
糖醋肉
SU BU TA

日本中華料理的常見菜色。

スクランブルエッグ
西式炒蛋
SU KU RAN BU RU E GU

鶏ちゃん
炒雞肉
KE I CHAN

岐阜縣飛驒地方的鄉土料理，把雞肉跟蔬菜放在一起炒。

常見和食菜單
MENU

	2
1	3
4	5

1. 水雲醋
2. 酒蒸蛤蠣
3. 土瓶蒸
4. 茶碗蒸
5. 蒸蔬菜

蒸し物

茶碗蒸し
茶碗蒸
CHA WAN MU SHI

あさりの酒蒸し
酒蒸蛤蠣
A SA RI NO SA KA MU SHI

蒸し野菜
蒸蔬菜
MU SHI YA SA I

蔬菜未經調味，沾醬汁來吃。

土瓶蒸し
土瓶蒸
DO BIN MU SHI

酢の物

もずく酢
水雲醋
MO ZU KU ZU

たこ酢
醋章魚
TA KO SU

食事

ライス
白飯
RA I SU

タコライス
塔可飯
TA KO RA I SU

改良自 TACOS，把餅改成白飯，是沖繩常見料理。

卵かけご飯／TKG
生雞蛋拌飯
TA MA GO KA KE GO HAN

白飯上打上生蛋，淋上醬油的料理。

おにぎり
飯糰
O NI GI RI

鯛めし
鯛魚飯
TA I ME SHI

愛媛縣的鄉土料理，將整隻鯛魚放入鍋中，跟米飯一起炊成。

焼きおにぎり
烤飯糰
YA KI O NI GI RI

お茶漬け
茶泡飯
O CHA ZU KE

雑炊
雜炊
ZO SU I

高湯加入白飯、青蔥、海苔之後煮成稀飯。常為吃火鍋時的最後一道菜。

炊き込みご飯
五目飯、蒸飯
TA KI KO MI GO HAN

煮飯時同時加入高湯、昆布來調味，也可能鋪上香菇或海鮮等食材。

ちらし寿司
散壽司
CHI RA SHI ZU SHI

將配料鋪在壽司飯上，通常裝在木桶裡。

スープカレー
湯咖哩
SU PU KA RE

起源於札幌，不同於湯汁濃稠的一般咖哩飯，湯咖哩是以清湯的形式，搭配大量蔬菜、白飯食用。

いかめし
烏賊飯
I KA ME SHI

北海道的鄉土料理。將烏賊肚內塞滿糯米，並以醬油、酒、砂糖煮成。

鶏飯
雞飯
KE I HAN

奄美大島、沖繩地區的鄉土料理，飯上面鋪上雞肉、蛋絲並加入雞高湯的泡飯料理。

常見和食菜單
MENU

トルコライス
土耳其飯
TO RU KO RA I SU

長崎縣的 B 級美食，將手抓飯、義大利肉醬麵、炸豬排裝在同一個盤子上的料理。

そうめん
素麵、麵線
SO MEN

盛岡冷麵
盛岡冷麵
MO RI O KA RE I MEN

由韓國傳至日本的料理，後演變成岩手縣盛岡的名物。

わんこそば
碗子蕎麥麵
WAN KO SO BA

岩手縣盛岡的鄉土料理，將蕎麥麵裝在小碗中，看能吃下幾碗的特色料理。

稲庭うどん
稻庭烏龍麵
I NA NI WA U DON

秋田縣的鄉土料理。以手拉麵方式製成的細烏龍麵。

横手焼きそば
横手炒麵
YO KO TE YA KI SO BA

秋田縣的 B 級美食，會放一個半熟荷包蛋為其特色。

富士宮やきそば
富士宮炒麵
HU JI NO MI YA YA KI SO BA

靜岡縣的 B 級美食，特色為加入油渣作為配料。

瓦そば
瓦片炒麵
KA WA RA SO BA

山口縣的 B 級美食，將瓦片燒燙後，加入牛肉、雞蛋，在瓦片上面把麵炒熟。

かにめし
蟹肉飯
KA NI ME SHI

太平燕
太平燕
TAI PI EN

熊本縣的 B 級美食，冬粉湯中加入炒蔬菜、炸雞蛋的料理。

つけナポリタン
義大利沾麵
TSU KE NA PO RI TAN

靜岡縣的 B 級美食，以番茄紅醬作為沾汁，沾義大利麵來吃的料理。

焼きそば
炒麵
YA KI SO BA

盛岡じゃじゃ麺
盛岡炸醬麵
MO RI O KA JA JA MEN

岩手縣盛岡的鄉土料理，以扁平麵做成的炸醬麵。

鍋物

あんこう鍋
鮟鱇魚鍋
AN KO NA BE

以鮟鱇魚作為主食材的火鍋。

クエ鍋
石斑魚鍋
KU E NA BE

以高級白身魚「褐石斑」作為主食材的火鍋。

水炊き
雞肉水炊鍋
MI ZU TA KI

以清水燉煮雞肉，使其成白湯的火鍋料理。

もつ鍋
牛腸鍋
MO TSU NA BE

發源自福岡，以牛腸與韭菜為主材料的火鍋，分成醬油及味噌口味。

牡丹鍋
山豬肉火鍋
BO TAN NA BE

山豬肉在日文中又稱為「牡丹肉」。

石狩鍋
石狩鮭魚火鍋
I SHI KA RI NA BE

北海道的鄉土料理。是以鮭魚、蔬菜為主食材的味噌湯底火鍋。

ちり鍋
魚肉火鍋
CHI RI NA BE

以白身魚加入蔬菜、豆腐等用水煮的火鍋。

てっちり
河豚火鍋
TE CHI RI

與ちり鍋相同，只是主食材用河豚時才這麼稱呼。

石焼き鍋
石燒鍋
I SHI YA KI NA BE

秋田縣的鄉土料理，以燒至滾燙的石頭加入鍋中，使之急速沸騰，內容主要為味噌湯底的魚鍋。

きりたんぽ鍋
米棒鍋
KI RI TAN PO NA BE

秋田縣的鄉土料理，將米搗成棒狀，加入雞肉、蔬菜製成火鍋。

タラ鍋
鱈魚鍋
TA RA NA BE

芋煮
芋煮鍋
I MO NI

山形縣的鄉土料理，以牛肉、芋頭煮成醬油湯底的鍋料理。

ちゃんこ鍋
相撲鍋
CHAN KO NA BE

以肉跟魚為主食材，並加入大量蔬菜的鍋物料理。

肉鍋
肉鍋
NI KU NA BE

タラ鍋
鱈魚鍋
TA RA NA BE

汁物

1 | 2 | 4
| 3 |

1. 鱈魚白子湯　3. 木莓煮
2. 仙貝汁　　　4. 螃蟹味噌湯

豚汁
豬肉味噌湯
BU TA JI RU

かに汁／鉄砲汁
螃蟹味噌湯
KA NI JI RU

三平汁
鮭魚味噌湯
SAN PE JI RU

北海道的鄉土料理。以鮭魚或鱈魚，加入蘿蔔等蔬菜煮成。

岩のりみそ汁
岩海苔味噌湯
I WA NO RI MI SO SHI RU

しじみ汁
蜆味噌湯
SHI JI MI JI RU

けんちん汁
建長汁
KEN CHIN JI RU

神奈川縣的鄉土料理。把蘿蔔、牛蒡、芋頭、豆腐之類的材料以麻油炒過，加入高湯做成湯的料理。

じゃっぱ汁
雜把汁
JA PA JI RU

青森縣的鄉土料理，將鱈魚頭、魚骨等跟蘿蔔、蔥、豆腐一起煮的料理。

いちご煮
木莓煮
I CHI GO NI

青森縣的鄉土料理，以海膽、鮑魚煮成的湯。因海膽外型看起來像木莓而得名。

せんべい汁
仙貝汁
SEN BE JI RU

青森縣的鄉土料理。以煮湯用的仙貝、雞肉、菇類等蔬菜煮成的湯。

白子の吸い物
鱈魚白子湯
SHI RA KO NO SU I MO NO

丼飯與定食

どんぶり、ていしょく（DON BU RI ／ TE I SHO KU）

如果到了像是函館朝市之類的海鮮市場，當然要來碗海鮮丼飯才過癮，而如果是在街上想簡單吃飽，那麼食堂的丼飯跟定食，就會是不錯的選擇。要注意一點，食堂之類的店家，主要是提供給客人吃飽的，所以比較沒有豐富的酒類飲料，也比較不適合在店裡喧嘩、久坐。

丼飯／定食菜單

海鮮丼
海鮮丼
KA I SEN DON
以多種海鮮做成的丼飯。

鮭とイクラの親子丼
鮭魚親子丼
SA KE TO I KU RA NO O YA KO DON
以鮭魚及鮭魚卵做成的丼飯。

三色丼
三色丼
SAN SHI KI DON
以三種不同顏色的魚料做成的丼飯。

ウニ丼
海膽丼
U NI DON

鉄火丼
鐵火丼
TE KA DON
以鮪魚做成的丼飯。

まぐろ漬け丼
醬油漬鮪魚丼
MA GU RO ZU KE DON
以醬油漬鮪魚做成的丼飯。

ネギトロ丼
鮪魚蔥丼
NE GI TO RO DON
以剁碎鮪魚及蔥做成的丼飯。

チャーシュー丼
叉燒丼
CHA SHU DON

マーボー丼
麻婆豆腐丼飯
MA BO DON

鶏そぼろ丼
雞肉燥丼
TO RI SO BO RO DON
そぼろ為絞肉調味後吵成的料理。

丼飯與定食菜單
MENU

親子丼
親子丼

O YA KO DON

以雞肉及雞蛋做成的丼飯。

牛丼
牛丼

GYU DON

カルビ丼
燒肉丼

KA RU BI DON

ハラミ丼
橫膈膜燒肉丼

HA RA MI DON

カツ丼
炸豬排丼

KA TSU DON

深川丼
深川丼

HU KA GA WA DON

東京深川的鄉土料理,以蛤蠣與蔥製成的煮物,淋在飯上的丼飯。

駒ヶ根ソースかつ丼
駒根醬豬排丼

KO MA GA BE SO SU KA TSU DON

長野縣的B級美食,將白飯上鋪滿高麗菜絲,再放上沾滿醬汁的炸豬排。

豚マヨ丼
豬肉美乃滋丼

BU TA MA YO DON

天丼
天丼

TEN DON

以天婦羅做成的丼飯。

しらす丼
魩仔魚丼

SHI RA SU DON

海鮮かきあげ丼
海鮮搔揚丼

KA I SEN KA KI A GE DON

ロコモコ
Loco Moco

RO KO MO KO

夏威夷的丼飯料理。

豚丼
豬肉丼

BU TA DON

北海道帶廣的鄉土料理,以醬燒豬肉做成的丼飯。

うなぎ丼
鰻魚丼

U NA GI DON

ひつまぶし
鰻魚三吃

HI TSU MA BU SHI

起源於名古屋的鄉土料理,看起來是一個特別大碗蒲燒鰻蓋飯,分三種吃法。第一種吃原味,第二種加入蔥、芥末等辛香料,第三種加入高湯做成茶泡飯。

刺身定食
生魚片定食

SA SHI MI TE I SHO KU

タルタル南蛮定食
塔塔醬南蠻炸雞定食

TA RU TA RU NAN BAN TE I SHO KU

唐揚げ定食
唐揚炸雞定食

KA RA A GE TE I SHO KU

1 | 2 | 1. 每日定時
| 3 | 2. 薑燒豬肉定食
| | 3. 味噌煮鯖魚定食

コロッケ定食
可樂餅定食
KO RO KE TE I SHO KU

天ぷら定食
天婦羅定食
TEN PU RA TE I SHO KU

しょうが焼き定食
薑燒豬肉定食
SHO GA YA KI TE I SHO KU

豚キムチ定食
泡菜豬肉定食
BU TA KI MU CHI TE I SHO KU

焼き鳥定食
串燒定食
YA KI TO RI TE I SHO KU

マーボー定食
麻婆豆腐定食
MA BO TE I SHO KU

サバ味噌定食
味噌煮鯖魚定食
SA BA MI SO TE I SHO KU

ハンバーグ定食
漢堡排定食
HAN BA GU TE I SHO KU

紅鮭の塩焼き定食
鹽燒紅鮭魚定食
BU NU ZA KE NO SHI O YA KI TE I SHO KU

日替わり定食
毎日定食
HI GA WA RI TE I SHO KU

每天更換菜單的定食。

御膳
御膳
O ZEN

等於是豪華版的定食，除了主菜、湯、白飯之外，還會有多種小菜。

蕎麥麵與烏龍麵
そば、うどん（SO BA ／ U DON）

　　蕎麥跟烏龍麵，可說是日本最普遍的麵食料理，也是人們肚子餓時最方便的果腹小點。有些車站裡面，還設置了立食麵店，就是為了讓忙碌轉車的上班族，還有地方可以吃點東西。這兩種大致上做法跟配料都相同，只差在麵條不同而已。至於源自四國高松縣讚岐烏龍，則有著與其他地方不一樣的吃法與口味變化。

1
―――
2

1. 烏龍麵
2. 蕎麥麵

蕎麥麵／烏龍麵菜單

かけうどん／そば
湯麵

KA KE U DON ／ KA KE SO BA

加入醬油底的熱湯製成湯麵，是最普遍的烏龍麵與蕎麥麵。

カレーうどん
咖哩烏龍麵

KA RE U DON

冷やし
冷麵

HI YA SHI

如果菜單前面加上冷やし字樣，就表示麵湯汁是冰的，如「冷やしきつねうどん」（冷豆皮烏龍麵），在夏天特別受到歡迎。

ざるうどん／そば
涼麵

ZA RU U DON ／ ZA RU SO BA

把煮好的烏龍麵冷卻後放在竹簍上，沾醬油調成的醬汁來吃。

天ざるうどん／そば
天婦羅涼麵

TEN ZA RU U DON ／ TEN ZA RU SO BA

烏龍麵或蕎麥麵跟天婦羅的組合。

つけ肉汁うどん／そば
肉湯沾麵

TSU KE NI KU JI RU U DON ／
TSU KE NI KU JI RU SO BA

沾熱湯汁吃，湯汁中還會有配料。

だんご汁
烏龍湯麵

DAN GO JI RU

大分縣的鄉土料理。寬麵搭配牛蒡、紅蘿蔔、菇類、豬肉，並加入味噌湯製成的料理。

ほうとう
餺飥、烏龍寬麵
HO TO

山梨縣的鄉土料理，以寬扁烏龍麵、南瓜等製成的味噌湯麵。

味噌煮込みうどん
味噌烏龍麵
MI SO NI KO MI U DON

名古屋的鄉土料理，以味噌湯燉煮而成的烏龍麵，常搭配雞肉、香菇、生雞蛋等一起食用。

きしめん
寬扁麵
KI SHI MEN

名古屋的鄉土料理，非常薄的寬麵，常做成醬油湯底的湯麵。

ぶっかけうどん
Bukkake 烏龍麵
BU KA KE U DON

讚岐烏龍麵的特殊吃法，麵煮好後加入沒有稀釋過的醬油或醬汁，比かけ更能享受麵的原味。

釜揚げうどん
釜揚烏龍麵
KA MA A GE U DON

讚岐烏龍麵的特殊吃法，麵煮好之後不會水洗，連煮麵的湯一起放在木盆或桶子裡上桌。口感會比較軟一些。

釜玉うどん
釜玉烏龍麵
KA MA TA MA U DON

指釜揚烏龍麵拌入生蛋的狀態。

常見蕎麥麵、烏龍麵配料

月見うどん／そば
生蛋黃
TSU KI MI U DON ／
TSU KI MI SO BA

きつねうどん／そば
豆皮
KI TSU NE U DON ／
KI TSU NE SO BA

たぬきうどん／そば
天婦羅屑
TA NU KI U DON ／
TA NU KI SO BA

山かけうどん／そば
山藥泥
YA MA KA KE U DON ／
YA MA KA KE SO BA

山菜うどん／そば
山蔬
SAN SAI U DON ／
SAN SAI SO BA

温玉うどん／そば
溫泉蛋
ON TA MA U DON ／
ON TA MA SO BA

かき揚げうどん／そば
搔揚
KA KI A GE U DON ／
KA KI A GE SO BA

肉うどん／そば
肉
NI KU U DON ／
NI KU SO BA

豬排店
トンカツ（TON KA TSU）

從西洋料理演變而來的炸豬排，非常受到日本人的歡迎，進而出現了許多炸豬排的專門店。底下列出了豬排店常見的菜單。

豬排店菜單

ロースカツ
炸里肌
RO SU KA TSU

ヒレカツ
炸腰內肉
HI RE KA TSU

ソースカツ
醬汁豬排
SO SU KA TSU

群馬縣、長野縣的 B 級美食，會在豬排上淋上特製醬汁，也有些店家會把豬排整個浸在醬汁裡。

カツカレー
咖哩豬排
KA TSU KA RE

チキンカツ
炸雞排
CHI KIN KA TSU

以雞肉製成的炸排。

みそカツ
味噌豬排
MI SO KA TSU

發源於名古屋，以特製的味噌醬汁淋在豬排上食用。

定食
定食
TE I SHO KU

豬排店的盛盤方式，通常會有味噌湯、高麗菜絲、醬菜，有些還附沙拉或甜點。

丼
丼
DON

以大碗盛裝的豬排飯，或稱蓋飯。

重
重
JU

裝在漆器木盒中的豬排飯。

千切りキャベツ
高麗菜絲
SEN GI RI KYA BE TSU

如果點定食或膳，基本上都可以免費續加。

海老フライ
炸蝦
E BI HU RA I

不吃肉的另一種選擇。

メンチカツ
炸絞肉排
MEN CHI KA TSU

以絞肉製成的炸豬排。

御好燒

お好み焼き（O KO NO MI YA KI）

我們俗稱大阪燒、廣島燒的料理，其實日文都叫做「お好み焼き」（御好燒），最早是由客人選擇喜歡吃的料，並自行在鐵板上煎來吃的形式。二次大戰後，「御好燒」就慢慢演變成用高麗菜加上麵糊，在鐵板上煎成的料理了。雖然御好燒是日本各地皆有的流行食物，但最有名的還是關西風以及廣島風，台灣則稱為大阪燒跟廣島燒。

1	1. 大阪燒
2	2. 廣島燒

御好燒

豚玉	牛すじねぎ玉	尾道焼き
豬肉蛋	**牛筋蔥蛋**	**尾道燒**
BU TA TA MA	GYU SU JI NE GI TA MA	O NO MI CHI YA KI

尾道地區的御好燒，還會加入雞胗。

ミックス玉	キムチ玉
綜合蛋	**泡菜蛋**
MI KU SU TA MA	KI MU CHI TA MA

いか玉	モダン焼き
烏賊蛋	**加麵**
I KA TA MA	MO DAN YA KI

もんじゃ焼
文字燒
MON JA YA KI

東京等地所流行的類御好燒料理，麵糊中有加入醬汁，所以會比較稀。將麵糊鋪在鐵板表面，拿鐵板鏟子邊吃邊煎，享受鍋巴脆脆的口感。

「モダン焼き」指在御好燒底下鋪麵一起煎，另一種說法為「そばのせ」（SO BA NO SE）。廣島地區的御好燒，不管名稱上有沒有提及，基本上都是有加麵的。

じゃがもちチーズ玉
馬鈴薯起司
JA GA MO CHI TI ZU TA MA

御好燒、鐵板燒菜單
MENU

鐵板燒

焼きそば
日式炒麵
YA KI SO BA

加入醬（ソース）炒成的炒麵。

塩そば
鹽味炒麵
SHI O SO BA

不加醬（ソース），改加鹽炒成的
炒麵。

とんぺい焼き
豚平燒
TON PE YA KI

用鐵板煎豬肉之後，以混合麵粉的
蛋汁包起來，最後加上醬（ソー
ス）跟美乃滋的料理。

げそ塩焼き
鹽燒烏賊腳
GE SO SHI O YA KI

ホタテのバターソテー
奶油煎干貝
HO TA TE NO BA TA SO TE

イカ姿醬油焼き
烏賊醬油燒
I KA SU GA TA SHO YU YA KI

鶏のバジル焼
香草雞
TO RI NO BA JI RU YA KI

旨辛ホルモン
辣味內臟
U MA KA RA HO RU MON

アスパラベーコン
蘆筍培根
A SU PA RA BE KON

エリンギのバターホイル焼き
杏鮑菇奶油錫箔燒
E RIN GI NO BA TA HO I RU YA KI

「ホイル焼き」指用錫箔紙包起來
加熱的調理方式。

おかわり！！

關東煮
おでん（O DEN）

　「おでん」是日本料理中的一種煮物，把竹輪、蘿蔔、牛筋等各式各樣的料煮在調味的日式高湯而成。這種料理的起源很早，可回溯至西元十四至十五世紀的室町時代。台灣把它叫做「黑輪」，後來便利商店為了強調此料理的出處為日本，所以將它改名為「關東煮」。現在在日本的便利商店，傳統居酒屋、甚至攤販都能看到這個料理。

厚揚げ **油豆腐** A TSU A GE	えび巻き **蝦捲** E BI MA KI 以魚漿包蝦製成。	えのき **金針菇** E NO KI
厚焼き玉子 **厚切玉子燒** A TSU YA KI TA MA GO	いんげん豆 **四季豆** IN GEN MA ME	がんもどき **飛龍頭** GAN MO DO KI
アスパラ **蘆筍** A SU PA RA	うずら **鳥蛋** U ZU RA	かまぼこ **魚板** KA MA BO KO
あさり／アサリ **蛤蠣** A SA RI	うどん **烏龍麵** U DON	かき **牡蠣** KA KI
いか／イカ **烏賊** I KA	エリンギ **杏鮑菇** E RIN GI	かぶ **大頭菜、蕪菁** KA BU
巾着 **巾著** KIN CHA KU 炸豆腐皮做成一個袋子形狀，裡面包麻糬。	かにかま **蟹味棒** KA NI KA MA	いか／イカ巻 **烏賊捲** I KA MA KI 以魚漿包烏賊製成。
	キャベツ **高麗菜** KYA BE TSU	

關東煮菜單
MENU

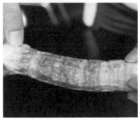

1 | 2
  | 3

1. 金著
2. 飛龍頭
3. 竹輪

牛すじ	こんにゃく	しいたけ
牛筋	**蒟蒻**	**香菇**
GYU SU JI	KON NYA KU	SHI TA KE
銀杏	高野豆腐	しめじ
銀杏	**高野豆腐、凍豆腐**	**鴻喜菇**
GIN NAN	KO YA TO HU	SHI ME JI
昆布	さつま揚	しいたけの肉詰め
昆布	**甜不辣**	**香菇鑲肉**
KON BU	SA TSU MA A GE	SHI TA KE NO NI KU ZU ME
ごぼう	さざえ	砂肝
牛蒡	**蠑螺**	**雞肫**
GO BO	SA ZA E	SU NA GI MO
小松菜	しらたき	大根
小松菜、日本油菜	**蒟蒻絲**	**白蘿蔔**
KO MA TSU NA	SHI RA TA KI	DA I KON

玉子	つみれ	なす
雞蛋	**魚丸**	**茄子**
TA MA GO	TSU MI RE	NA SU

たけのこ／タケノコ	つくね	はんぺん
竹筍	**雞肉丸**	**半片**
TA KE NO KO	TSU KU NE	HAN PEN
		以鱈魚漿製成四方型的魚板。

ちくわ	手羽	ロールキャベツ
竹輪	**雞翅**	**高麗菜肉捲**
CHI KU WA	TE BA	RO RU KYA BE TSU

ちくわぶ	豆腐	からし
竹輪麩	**豆腐**	**黃芥末**
CHI KU WA BU	TO HU	KA RA SHI
竹輪形狀的麥麩。		おでん的配料通常都是黃芥末。

玉こんにゃく	なると	
圓形蒟蒻	**鳴門卷**	
TA MA KON NYA KU	NA RU TO	
	斷面有如漩渦形狀的魚板。	

常見和食食材

鰹節／おかか
柴魚片
KA TSU O BU SHI ／ O KA KA

おかき
小米菓、欠餅
O KA KI

將米菓切成小塊，並將表面烤成金黃色的零食。

あられ
烤小米菓、霰餅
A RA RE

將米菓切成長 2 至 3 公分，寬約 0.5 公分的大小，然後用火烤表面的零食。

せんべい
仙貝、煎餅
SEN BE

整片的米菓，有甜有鹹，口味多變。

おかず
配菜
O KA ZU

吃飯時配菜的總稱。

おから
豆渣
O KA RA

おじや
雜炊、稀飯
O JI YA

雜炊的另一種說法。

おつけ
味噌湯
O TSU KE

味噌湯的另一種說法。

きなこ
黃豆粉
KI NA KO

類似我們的花生粉，常與麻糬同時食用。

一味唐辛子
辣椒粉
I CHI MI TO GA RA SHI

七味唐辛子
七味粉
SHI CHI MI TO GA RA SHI

人形燒
人形燒
NIN GYO YA KI

マヨネーズ
美乃滋
MA YO NE ZU

かえし
萬能醬汁
KA E SHI

以醬油、味醂、砂糖做成的醬汁。三者的比例為其奧妙所在。

つゆ
麵露、醬汁
TSU YU

醬油跟高湯（出汁）混合而成的醬汁，依照用途命名。如「めんつゆ」（麵露）、「天ぷらのつゆ」（天婦羅醬汁）。

ポン酢
柚子醋
PON ZU

通常指使用柑橘類果汁與醬油混合的調味料。

和風ドレッシング
和風醬
WA HU DO RE SHIN GU

醬油口味的沙拉醬，也有可能加入紫蘇。

出汁
高湯
DA SHI

日式高湯可能取自柴魚或昆布。高湯是一切日式料理的基礎。

柚子胡椒
柚子胡椒
YU ZU KO SHO

九州地方的調味料，使用柚子皮加入青辣椒製成。

ウスターソース
伍斯特醬
U SU TA SO SU

常淋在炸豬排上的醬料，依照濃稠度有不同商品。

ドレッシング
沙拉醬
DO RE SHIN GU

沙拉醬的總稱。

サウザンド・アイランド
千島醬
SA U ZAN DO A I RAN DO

大根おろし
蘿蔔泥
DA I KON O RO SHI

有時候標記為「おろし」而已。例如「おろしポン酢」。

ごまドレッシング
胡麻醬
GO MA DO RE SHIN GU

イタリアン・ドレッシング
義式油醋醬
I TA RI AN DO RE SHIN GU

フレンチ・ドレッシング
法式沙拉醬
HU REN CHI DO RE SHIN GU

タレ／たれ
醬
TA RE

指濃稠帶有甜味的淋醬或沾醬。

とんぶり
地膚子
TON BU RI

地膚的種子，是秋田縣的特殊食材，有田園魚子醬之稱。

ゆば
湯葉
YU BA

以豆漿表面的膜製成的豆皮料理。

和食常見疑問

 吃生魚片，
有分順序嗎？

當我們在享用生魚片的時候，如果不是單點，應該都會有數種不一樣的生魚片一起上桌。為了能夠充分享受每一種生魚片的鮮味，應從味道清淡的開始享用。舉例來說，先品嚐白身魚、貝類，再品嚐赤身魚。除了生魚片之外，吃天婦羅的時候也是如此。

像是這樣的生魚片拼盤，可以從右方的白身魚開始品嘗。

 生魚片旁邊的蘿蔔
絲要不要吃呢？

生魚片盤中的蘿蔔絲，在日文中稱作「つま／ツマ」（TSU MA）。「つま」的存在有三種目的，一是配色美觀，二是去腥味，三是殺菌。常見的「つま」有蘿蔔絲、山葵、菊花、海藻、紫蘇葉等等。而蘿蔔絲除了墊在底下好看之外，還可以幫忙去腥味。很多日本人也會吃掉，用來清除口中的膩感，但不會配著生魚片一起入口，因為那就把想要品嘗的魚鮮味，也一起清掉了。

墊在生魚片底下的蘿蔔絲，是除去口中味道用的。

Q 吃魚的時候，有什麼要注意的事？ A 日本人吃魚的時候，並不會幫魚翻身，而是把魚骨取下，放在盤子的上緣，跟大部分台灣人的習慣不一樣。至於為什麼不能幫魚翻身呢？有很多種說法。其中較常見的是說把魚翻身，會讓人聯想到翻船，不太吉利。

日本人吃魚的時候，不會幫魚翻身，這是格外要注意的地方哦！

\speak! /
和食料理常用會話 〰〰〰〰〰〰〰〰〰〰〰〰〰〰〰〰〰〰〰

吃鍋物或陶板燒時，常常需要用到。

請幫我加火。
燃料を足してください
NEN RYO O TA SHI TE KU DA SA I

雖然可以詢問，但在日本吃鍋物，並非一定可以加湯哦！

可以幫我加湯嗎？
だしを足してもらえますか
DA SHI O TA SHI TE MO RA E MA SU KA

替換前面的名詞，可以用來點同樣的東西。

再來一碗白飯
ご飯のおかわりをください
GO HAN NO O KA WA RI O KU DA SA I

とり田｜福岡

福岡鄉土料理「雞肉水炊鍋」專門店，比起分店很多的「華味雞」更多了一份洗鍊與時尚感。水炊雞肉經八小時的燉煮而成，上桌請先用湯，感受湯頭的濃郁鮮味後，服務員會幫大家分雞肉。口感Q彈的雞肉，才吃一口就愛上，接下來享用蔬菜，最後以稀飯作為收尾，非常滿足的一餐。

店名｜とり田　**地址**｜福岡県福岡市中央区薬院 2-3-30　**電話**｜092-716-2202　**營業時間**｜週一至週五 17：00-23：00、週六至週日：11：30-23：00　**公休日**｜無

とんかつ太郎｜新潟

新潟鄉土料理「甜醬炸排」創始店，跟其他地方的豬排丼飯不同，不會使用蛋汁，而是加入一種鹹鹹甜甜的醬汁。豬排丼可以選擇炸排的部位片數，米飯當然是使用最高級的新潟越光米，吸入醬汁的米飯，真的是無可挑剔的好吃。在醬汁的襯托下，炸豬排好吃不膩口，很值得一試。

店名｜とんかつ太郎　新潟古町　**地址**｜新潟県新潟市中央区古町通 6 番町 973　**電話**｜025-222-0097　**營業時間**｜11：30-14：30、17：00-20：00　**公休日**｜每月第三個週三晚餐、週四

ぶた八｜北海道

北海道帶廣市鄉土料理「豚丼」專門店，炭火烤成的豬肉加入口味偏甜的醬汁而成，簡單的美味擄獲了不少在地人的心。依照 SIZE 大小不同，取名為一朗、二朗、三朗，還有通常六倍大的巨無霸可以選擇，點之前可以先問問自己的肚皮。

店名｜炭焼豚どんのぶた八　**地址**｜北海道帯広市西 1 条南 11 丁目 11-2　**電話**｜0155-23-2911　**營業時間**｜10：00-21：00　**公休日**｜無

lavi ｜北海道

札幌鄉土料理「湯咖哩」專門店，跟一般濃稠咖哩不同，以加入大量蔬菜的咖哩清湯，搭配白飯使用。吃的時候是把白飯浸到湯裡，吸飽湯汁後再吃最美味。本店可以自由指定湯頭濃度以及辣度，白飯上附有一小片檸檬，加一點到湯裡，更是清爽。

店名｜lavi 新千歳空港店　**地址**｜千歳市美々新千歳空港　ターミナルビル 3F　**電話**｜0123-21-8618　**營業時間**｜10：30-20：30　**公休日**｜無

Misa Rosso｜長崎

佐世保漢堡的專門店，無論何時去，都是大排長龍，打電話
來外帶的人也很多。漢堡內包著生菜、荷包蛋、漢堡肉、洋
蔥，再淋上番茄沙拉醬汁，看起來就跟台灣早餐店的漢堡沒
有兩樣，但那絕妙的平衡度，有種說不上來的美味。

店名｜Misa Rosso **地址**｜長崎県佐世保市万徳町 2-15 **電話**｜
0956-24-6737 **營業時間**｜10:00-20:00 **公休日**｜週二

矢場とん｜愛知

創業七十年的名古屋鄉土料理「味噌豬排」專門店，雖然在
台灣也開了分店，但當然總店的口味更勝一籌。個人最喜歡
的是鐵板味噌豬排，剛炸好的豬排，放在鋪滿高麗菜、燒得
熱燙的鐵板上，然後淋上店家特製的濃稠味噌醬，光是香氣
就以征服了我，口味自然不在話下。名古屋機場也有分店哦！

店名｜矢場とん 矢場町本店 **地址**｜愛知県名古屋市中区大須
3-6-18 **電話**｜052-252-8810 **營業時間**｜11:00-21:00 **公休
日**｜無

牛たん炭焼 利久｜宮城

從仙台紅到全國的鄉土料理「厚切烤牛舌」專門店，雖然在
四處都能吃到，不過到仙台的時候，還是不免俗地想到本店
朝聖。厚切牛舌脆脆的口感，以及鮮甜的滋味，可配飯也能
下酒，沒什麼人可以抗拒這等美味。如果敢吃生的，來分生
牛舌壽司，也是很不錯的！

店名｜牛たん炭焼 利久 西口本店 **地址**｜宮城県仙台市青葉区
中央 1-6-1 ハーブ仙台ビル 5F **電話**｜022-266-5077 **營業時
間**｜週一至週五 11:30-15:00、17:00-23:00、週六至週日及國定
假日：11:00-23:00 **公休日**｜無

ほうとう不動｜山梨

「ほうとう」是一種類似麵疙瘩的麵食，搭配味噌湯底，裝
在鐵鍋裡上桌。湯中滿滿都是南瓜鮮味，而麵的口感是比較
帶有 Q 勁的，單吃就能感受到小麥的香，當麵吸飽湯汁之後，
吃起來更是一絕。吃到一半還可以加入一點鷹爪辣椒，又是
不同風味。

店名｜ほうとう不動 河口湖北本店 **地址**｜山梨県南都留郡富
士河口湖町河口 707 **電話**｜0555-76-7800 **營業時間**｜11:00-
20:00 **公休日**｜無

土蔵蕎麦｜鳥取

位於很有老街情懷的倉吉「白璧土蔵街」，建築物本身曾是倉庫。穿過一樓的藝品店之後，二樓才是用餐區，蕎麥麵以一個雙層容器裝著上桌，份量比想像中多。蕎麥本身口味比較清淡，搭配著蕎麥湯使用。能坐在這樣的老房子裡吃蕎麥麵，別有一番風味。

店名｜土蔵蕎麦　**地址**｜鳥取県倉吉市新町 1-2429-5　**電話**｜0858-23-1821　**營業時間**｜11:00-17:00　**公休日**｜週四

小嶋屋本店｜新瀉

越後魚沼以多雪著稱，此地上乘的純淨雪融水，便是製作上等蕎麥麵的絕佳條件。100% 使用石臼磨成的蕎麥粉，不添加任何化學調味料，堅持「現磨、現打、現煮」，來呈現最佳風味。這裡吃到的蕎麥，那吸入喉嚨的滑順度，可是別的地方所吃不到的。

店名｜越後十日町 小嶋屋本店　**地址**｜新潟県十日町市本町 4　**電話**｜025-757-3155　**營業時間**｜10:30-20:00　**公休日**｜1/1、週三

蕎麦正まつい｜岐阜

名水之地，郡上八幡的蕎麥店，於二〇〇九年開幕，以來一直堅持「現磨、現打、現煮」，為了讓客人能真正吃到蕎麥的美味，即使是冬天也只提供蕎麥涼麵的吃法。蕎麥本身口感滑順，富有嚼勁，而天婦羅不管是外觀或口味，都屬上乘之作，很值得一試。

店名｜蕎麦正まつい　**地址**｜岐阜県郡上市八幡町鍛冶屋町 774-2　**電話**｜0575-67-0670　**營業時間**｜11:00- 賣完為止　**公休日**｜週四、不定休

湯桶庵｜福岡

位於碼頭附近的本店，從開店以來就有很多客人專程駕車來吃飯，尤以在地熟客居多。手打蕎麥跟鐵火丼是店內的兩大招牌，蕎麥口感頗具水準，會讓人一口接一口。鐵火丼的鮪魚口味清爽，淋上一點醬油，更能感受鮪魚赤身肉的鮮甜。

店名｜湯桶庵　**地址**｜福岡県福岡市東区箱崎ふ頭 3-6-3　**電話**｜092-633-5775　**營業時間**｜11:30-16:00　**公休日**｜週日至週一、國定假日

cuud ｜東京

開在羽田機場第一航廈二樓，時尚的裝潢外觀，常令過路客紛紛駐足觀看。餐點上提供咖哩、番茄咖哩兩種口味的烏龍麵，很貼心還準備了「half&half」，讓客人可以兩種口味一次滿足。咖哩醬非常濃郁，充滿香氣，是給大人吃的口味。而番茄咖哩則是在香濃的基礎上，再加上番茄清爽的酸味，兩者都是難得的美味。

店名｜cuud **地址**｜東京都大田区羽田空港 3-3-2 羽田空港第 1 旅客ターミナル 2F **電話**｜03-5757-8857 **營業時間**｜05:30-20:00 **公休日**｜無

SANS SOUCI ｜沖繩

位於寧靜北中城住宅區裡的餐廳，店主來自京都，把傳統京都味覺，跟沖繩食材作了完美融合。店內招牌是咖哩烏龍麵，以多種香料製成咖哩醬汁，光是香氣就以讓人折服，吃下一口，其濃郁香滑的滋味，令人印象深刻。另外，本店所提供的焙茶剉冰，更是我人生中吃到的剉冰最高峰哪！

店名｜SANS SOUCI **地址**｜沖繩県中頭郡北中城村字萩道 150-3 パークサイド＃1822 **電話**｜098-935-1012 **營業時間**｜午餐 11:00-15:00、下午茶 15:00-17:30、晚餐 17:30-21:00 **公休日**｜無

中野うどん学校 琴平校｜香川

香川縣唯一一間可以體驗自己手打烏龍麵，然後品嚐的烏龍麵學校，完成製作過程之後，還會拿到一張畢業證書。體驗用腳踩方式製麵，途中還會放流行歌讓你隨著節奏扭動，非常有趣。做好之後就是試吃，用不同角度品嚐烏龍麵的美味，並且體會到自己做的果然世界最好吃！

店名｜中野うどん学校 琴平校 **地址**｜香川県仲多度郡琴平町 796 番地 **電話**｜0877-75-0001 **營業時間**｜9:00-15:00 **公休日**｜無

侍・うどん｜福岡

每到中午就會馬上坐滿客人的博多烏龍麵名店，店家調配的醬油、湯底都有非常棒的水準。餐點會依照季節不斷推出新的品項，很值得一去再去。博多烏龍麵相較於其他地方來說，比較不強調 Q 彈，而走口感較軟的路線，喜歡這類烏龍麵的話，那麼本店高雅的調味，一定會很適合你的。

店名｜侍・うどん **地址**｜福岡県福岡市博多区博多駅前 4-36-20 **電話**｜092-483-6300 **營業時間**｜週二至週五 11:30-13:30、週六至週日 11:30-15:00 **公休日**｜週一

いきいき亭｜石川

近江町市場內的小小壽司／丼飯店，招牌「いきいき亭丼」只要兩千日圓，但竟然有超過十種魚料！其中還包含海膽、鰻魚，以及金澤名物的炙燒黑喉魚，C/P 值高到爆表。因為是在市場旁的店家，新鮮度自然不在話下，口味之好，只有感動兩字可以形容。

店名｜いきいき亭 近江町店　**地址**｜石川県金沢市青草町 88 近江町いちば館　**電話**｜076-222-2621　**營業時間**｜7:00-15:00　**公休日**｜週四

きくよ食堂｜北海道

函館朝市中個人認為最好吃的海鮮丼飯店，不但米飯強調用炭火炊成，海鮮用料更是絲毫不手軟，價格設定是比其他家稍高一些，但考量相對應的品質，我覺得其實還比較便宜。招牌三色到七色海鮮丼，料越多價格就越高，除了丼飯之外，還推薦單點牡丹蝦生魚片，美味又平價。

店名｜きくよ食堂本店　**地址**｜北海道函館市若松町 11-15　**電話**｜0138-22-3732　**營業時間**｜夏季 05:00-14:00、冬季 06:00-13:30　**公休日**｜1/1

みなと食堂｜青森

曾於二〇一四年獲得全國丼飯比賽第一名，如果想吃建議要早點去，不然中午可是要大排長龍的！招牌的漬比目魚丼飯，是把用醬油醃漬過的比物魚片撲滿整個大碗，然後再打上一顆生蛋黃。醬油帶起比目魚肉淡淡的鮮味，而那富有彈性的口感，更是讓人一口接一口，想停也停不下來，非常值得一試！

店名｜みなと食堂　**地址**｜青森県八戸市大字湊町字久保 45-1　**電話**｜0178-35-2295　**營業時間**｜06:00-14:00　**公休日**｜週日至週一

もみじや｜神奈川

位於橫濱中央市場裡的食堂，主要是提供給市場工作者用餐，但因這裡東西既美味，價格又公道，漸漸聚集了不少觀光客。一碗盛有豐富魚料的海鮮丼，在這裡還不用一千日圓，雖然沒有用上高級魚料，但口味真的很不錯。這才知道即使交通不便，還是有這麼多人要來這裡吃的原因了！

店名｜もみじや　**地址**｜神奈川県横浜市神奈川区山内町 1-1-140　**電話**｜045-441-2220　**營業時間**｜週一至週五 9:30-14:00、週六至週日 8:30-14:00　**公休日**｜週日、國定假日

Chapter 6

洋食屋　篇

西餐搭上日本味

洋食
ようしょく（YO SHO KU）

從幕末時期到明治時代，西方人開始在日本活動，因而開始出現提供西洋料理的餐廳。而在這些餐廳底下做事的日本人，之後便在日本各地開設自己的餐廳，這些餐廳後來就被統稱為「洋食屋」。在明治時代以前，日本並沒有吃獸肉的習慣，所以對於以牛肉、豬肉為主的洋食，一開始是無法接受的。但明治政府為了讓國民體格能健壯起來，便開始鼓勵國民吃肉，明治天皇還在媒體關注下吃了牛肉當表率，吃肉的習慣開始慢慢普及，洋食也開始有平民化的趨勢。

食材哪裡找？

明治時代的日本，要去齊備西洋料理中的食材，並不是一件容易的事情，因此就只好使用容易取得的食材來代替，一些知名的料理如炸豬排（とんかつ／TON KA TSU）、炸蝦（エビフライ／E BI HU RA I）、咖哩飯（カレーライス／KA RE RA I SU）因應而生，在日本的洋食，因此產生了在地化的趨勢。時代來到大正、昭和，為了讓一般大眾也能享受洋食，除了有高級的西餐廳之外，鎮上也多了一般人能消費得起的洋食屋。二次大戰後，美國為了解決國內小麥生產過剩問題，大量進口至日本，大大改變了日本人的飲食習慣，也促進了洋食在日本的發展。

歷史上重要的洋食屋

① . <u>1863 年</u>
日本第一家西洋料理店「良林亭」於長崎開業。

② . <u>1868 年</u>
「築地 hotel 館」開業，這是日本第一間法國料理店。

③ . <u>1872 年</u>
日本第一部西洋料理食譜集《西洋料理指南》出版。

④ . <u>1895 年</u>
銀座「煉瓦亭」開業。「煉瓦亭」將原本用鍋煎的肉排（カツレツ／KA TSU RE TSU），改良成用油炸的方式製作，這就是後來大流行的炸豬排（とんかつ）的前身。

蛋包飯的始祖

　　說到洋食，許多人都會立刻聯想到「蛋包飯」，這的確是具有代表性的和風洋食。在日本自稱「蛋包飯創始」的洋食店很多，其中最有名的就屬東京銀座「煉瓦亭」以及大阪心齋橋「北極星」這兩間。

香雅飯的誕生

　　除了蛋包飯，還有一道別具特色的日式洋食，就是「香雅飯」。這是日本連鎖書店「丸善」創辦人「早矢仕有的」在三十一歲的時候，曾到橫濱的西式醫院當醫生。在這段期間，他會把牛肉切成薄片，跟切碎的蔬菜一起煮過之後，淋在飯上吃。因為方便快速、且具有豐富的營養，不只在醫師之間流傳開來，早矢仕甚至也建議病人這樣吃。香雅飯的發音就是來自「早矢仕」（ハヤシ／HA YA SHI），後來流傳開來，約在這道料理發明的三十年後，名稱才正式定調為「ハヤシライス」（HA YA SHI RAISU）。

1	2	1. 牛排
	3	2. 咖哩飯
		3. 漢堡排

オムレツ
蛋包
O MU RE TSU

三星級以上飯店早餐常常可以看到，會有一位專人幫忙服務。

目玉焼き
荷包蛋
ME DA MA YA KI

オムライス
蛋包飯
O MU RA I SU

カレーライス
咖哩飯
KA RE RA I SU

ハヤシライス
香雅飯、牛肉燴飯
HA YA SHI RA I SU

將牛肉以及洋蔥、洋菇等蔬菜，並以 demi-glace 醬汁煮成，淋上白飯食用。

コロッケ
可樂餅
KO RO KE

白身魚フライ
炸魚
SHI RO MI ZA KA NA HU RA I

エビフライ
炸蝦
E BI HU RA I

有別於天婦羅作法的炸蝦。

カキフライ
炸牡蠣
KA KI HU RA I

ステーキ
牛排
SU TE KI

ハンバーグ
漢堡排
HAN BA GU

| 1 | 3 |
| 2 | |

1. 魚排
2. 炸豬排
3. 焗烤飯

ピラフ
土耳其手抓飯
PI RA HU

將米炒過之後、再以高湯煮過的料理。

ナポリタン
日式拿坡里義大利麵
NA PO RI TAN

作法相當簡單，是日本家庭常出現的家常菜。以番茄醬取代番茄製成。

ソテー
排餐
SO TE

可能是豬肉（ポーク）、扇貝（ホタテ）、鮭魚排（サーモン）。

メンチカツ
炸絞肉排
MEN CHI KA TSU

可能用牛絞肉或豬絞肉製成。

グラタン
焗烤
GU RA TAN

通常為通心粉或湯。

ドリア
焗烤飯
DO RI A

米飯類的焗烤料理。

ロールキャベツ
高麗菜肉捲
RO RU KYA BE TSU

とんかつ
炸豬排
TON KA TSU

豬排通常分成帶有油脂的里肌肉（ロース）跟瘦肉為主的腰內肉（ヒレ）兩種部位。

ローストビーフ
烤牛肉
RO SU TO BI HU

| 1 | 2 | 4 | 1. 燉牛肉 | 3. 土耳其飯 |
| | 3 | | 2. 奶油可樂餅 | 4. 炸牛肉 |

エビカツ **炸蝦排** E BI KA TSU	お子様ランチ **兒童餐** O KO SA MA RAN CHI	ミネストローネ **番茄蔬菜湯** MI NE SU TO RO NE
豚しょうが焼き **薑汁燒肉** BU TA SHO GA YA KI	ビーフシチュー **燉牛肉** BI HU SHI CHU	カツレツ **炸牛肉** KA TSU RE TSU
クリームコロッケ **奶油可樂餅** KU RI MU KO RO KE	ポタージュ **濃湯** PO TA JU	トルコライス **土耳其飯** TO RU KO RAI SU
白身魚のマリネ **醋漬魚** SHI RO MI ZA KA NA NO MA RI NE 以醋或檸檬汁泡過魚肉的料理。	マカロニグラタン **焗烤通心粉** MA KA RO NI GU RA TAN	

異國料理

　　在日本也能吃到各式各樣的多國籍料理，無論是亞洲的韓式、泰式、越南料理都很常見，甚至還能吃到土耳其、印度料理等，當然也不乏有高級的西餐廳。如果剛好受邀在日本吃西式料理，也必須要注意用餐的禮儀呢！

義大利料理出餐形式

　　如果吃義大利料理套餐的話，通常會以這樣的形式出菜。菜單中也會以此順序標示。

① . アペリティーヴォ（Aperitivo）
餐前酒。

② . アンティパスト（Antipasto）
前菜。常為火腿、起司之類的冷盤。

③ . プリモ・ピアット（Primo piatto）
第一道主菜。可能為沙拉、義大利麵、燉飯，若為冬天也可能是湯。

④ . セコンド・ピアット（Secondo piatto）
第二道主菜。大多於魚或是肉類料理。

⑤ . コントルノ（Contorno）
副菜。可能為蔬菜之類的料理。

⑥ . ドルチェ（Dolce）
甜點。

⑦ . Caffè
咖啡。基本上會是 Espresso。

⑧ . ディジェスティーヴォ（Digestivo）
餐後酒。

法式料理出餐形式

　　法式料理套餐通常會以下面的順序出菜。通常以七道至十一道為主。

⑨ . 前菜・オードブル（Hors d'oeuvre）
如果是較正式的餐點，在前菜之前還會有小前菜、開胃菜（アミューズ／ A MYU ZU）。

⑩ . 湯品・スープ（Soup）
也可能是濃湯（ポタージュ／ PO TA JU）。

⑪ . 魚料理・ポワソン（Poisson）
以味道清淡的魚作為第一道主餐。

⑫ . 雪酪・ソルベ（Sorbet）
在魚料理跟肉料理中間，會有個雪酪用來清除口中味道。

⑬. **肉類料理・ヴィアンド（Viande）**

有些全餐中甚至會出不只一道的肉料理。

⑭. **沙拉與起司・サラダ・チーズ（Salad・Cheese）**

沙拉會在肉類料理結束後出，用意也是要清除口中味道。

⑮. **甜點・デセール（Dessert）**

最正式的全餐中，這裡會出蛋糕アントルメ（AN TO RU ME）跟水果フルーツ（HU RU TSU）。

⑯. **咖啡與小甜點・カフェ・プティフール（Caffé・Petit Four）**

用來搭配咖啡的小點心，如馬卡龍等。

常見西洋料理食材

アンチョビ
鯷魚
AN CHO BI

トリュフ
松露
TO RYU HU

フォアグラ
鵝肝醬
FO A GU RA

リェージュワッフル
列日鬆餅
RIE JU WA HU RU

圓形的鬆餅，日本最常見為這種。

ピクルス
泡菜
PI KU RU SU

在日本指韓式、日式、中式以外的西式泡菜。

スペアリブ
肋排、排骨
SU PE RI A BU

バケット
法國杖麵包
BA KE TO

シュリンプ
蝦子
SHU RIN PU

ワッフル
鬆餅
WA FU RU

風行於世界的食物，於比利時最為有名，形狀為方形。

キャビア
魚子醬
KYA BI A

世界三大珍味之一。

フィッシュ・アンド・チップス
炸魚薯條
FI SHU AN DO CHI PU SU

スコッチエッグ
蘇格蘭蛋
SU KO CHI E GU

水煮蛋混合絞肉，再塗上麵包粉，並弄成丸子形狀後油炸的英式料理。

異國料理菜單
MENU

義大利料理

```
    ┌─┐
    │2│
  1 ├─┤ 4
    │3│
    └─┘
```

1. 培根蛋麵　　3. 香蒜辣椒義大利麵
2. 熱水澡沙拉　4. 辣茄醬義大利麵

カプレーゼ
番茄起司沙拉
KA PU RE ZE

莫札瑞拉起司與新鮮番茄製成的沙拉。

カルパッチョ
卡爾帕喬
KA RU PA CHO

以海鮮或生牛肉製成的冷盤。

バーニャカウダ
熱水澡沙拉
BA NYA KA U DA

新鮮蔬菜沾熱鯷魚大蒜醬汁食用的料理。

フリット
炸物
HU RI TO

チーズフォンデュ
起司鍋
CHI ZU FON DU

將海鮮或蔬菜沾煮熱的起司食用。

カルボナーラ
培根蛋麵
KA RU BO NA RA

ボロネーゼ
蕃茄肉醬麵、波隆那肉醬麵
BO RO NE ZE

ボンゴレ・ビアンコ
白酒蛤蜊義大利麵
BON GO RE BI AN KO

以橄欖油清炒蛤蠣或海瓜子等貝類的義大利麵。

ペペロンチーノ
香蒜辣椒義大利麵
PE PE RON CHI NO

只有辣椒跟大蒜的清炒義大利麵。

ボンゴレ・ロッソ
紅醬蛤蜊義大利麵
BON GO RE RO SO

以紅醬炒蛤蠣或海瓜子等貝類的義大利麵。

異國料理菜單
MENU

```
   2    1. 漁夫麵
1 ┤      2. 四種起司披薩
   3    3. 瑪格麗特
```

アラビアータ
辣茄醬義大利麵
A RA BI A TA

以辣椒跟紅醬製成的義大利麵。

ネーロ
墨魚麵
NE RO

プッタネスカ
煙花女義大利麵
PU TA NE SU KA

辣椒、大蒜、鯷魚、番茄等原料製成的義大利麵。

ジェノベーゼ
青醬
JE NO BE ZE

リゾット
義大利燉飯
RI ZO TO

ペスカトーレ
漁夫麵
PE SU KA TO RE

海鮮為主配料、並加入紅醬製成的義大利麵。

マルゲリータ
瑪格麗特
MA RU GE RI TA

僅以羅勒、起司、番茄製成的簡單披薩。

クアットロ・フォルマッジ／四種チーズのピッツァ
四種起司披薩
KU A TO RO FO MA JI ／
YON SHU CHI ZU NO PI TSA

ピッツァ・ジェノベーゼ
青醬披薩
PI TSA JE NO BE ZE

クアットロ・スタジョーニ
四季蔬菜披薩
KU A TO RO SU TA JO NI

以當季蔬菜製成的披薩。

カプリチョーザ
主廚今日披薩
KA PU RI CHO ZA

主廚根據當天進貨材料製成披薩。

カルツォーネ
卡爾佐內、披薩餃
KA RU TSO NE

將披薩的配料做成餃子的形狀。

フォカッチャ
佛卡夏
FO KA CHA

扁平形狀的麵包，也可能用來做成三明治（帕尼尼）。

異國料理菜單

MENU

義大利燉飯

義大利麵種類

タリアテッレ
寬麵
TA RI A TE RE

ラザニア
千層麵
RA ZA NI A

ニョッキ
麵疙瘩、玉棋
NYO KI

ラビオリ
義大利餃
RA BI O NE

スパゲッティ
義大利直麵
SU PA GE TI

マカロニ
通心粉
KA MA RO NI

ブカティーニ
吸管麵
BU KA TI NI

カネロニ
義大利麵捲
KA NE RO NI

ヴェルミチェッリ
細麵
VE RU MI CHE RI

ペンネ
筆管麵
PEN NE

法國料理

1 | 2

1. 法式肉醬
2. 法式肉醬糜

パテ
法式肉醬、肉麋
PA TE

將肉或魚剁碎並加上佐料製成的食品，肉仍保留口感。

パテ・ド・カンパーニュ
法式鄉村肉醬
PA TE DO KAN PA NU

使用豬肉、雞肝製成的肉醬。

フォアグラのパテ
鵝肝醬
FO A GU RA NO PA TE

以鵝肝製成的法式肉醬。

ポタージュ
濃湯
PO TA JU

菜單中，ポタージュ前面會寫食材名稱，如：「かぼちゃのポタージュ」（南瓜濃湯）。

リエット
法式抹醬
RI E TO

將豬肉或鵝肉等，用動物油煮成泥狀的食品。

テリーヌ
法式肉醬糜
TE RI NU

ガランティーヌ
法式凍肉捲
GA RAN TI NU

類似肉醬的食物，但裡面還有加入高湯燉煮出來的膠質物。

ポトフ
火上鍋、法式燉菜
PO TO HU

法國冬季家常燉鍋料理，沒有固定菜式。最常見的是蔬菜燉牛肉。

エスカルゴ
蝸牛
E SU KA RU GO

ブイヤベース
馬賽魚湯
BU I YA BE SU

コンソメスープ
法式黃金湯、法式澄清湯
KON SO ME SU PU

ブイヨン
法式清湯
BU I YON

法式料理的基礎高湯。

アスピック
法式肉凍
A SU PI KU

將肉或魚做成凍狀的料理。

異國料理菜單
MENU

1 | 2
1. 馬賽魚湯
2. 法式肉凍

ムニエル
法式嫩煎魚排
MU NI E RU

將魚身以胡椒、塩調味，撒上麵粉之後，用奶油煎成的料理。

ポワレ
香煎、蒸烤
PO WA RE

使用平底鍋，蓋上鍋蓋以小火慢慢悶煎的手法，如：「白身魚のポワレ」（香煎魚排）。

フリカッセ
奶油燉煮
HU RI KA SE

將肉類用奶油炒過之後，加入白酒，並以白醬燉煮的料理。如「鶏肉のフリカッセ」（奶油白酒燉雞）。

プレゼ
蒸煮
PU RE ZE

在鍋內加入少量高湯，蓋上鍋蓋來蒸煮的料理。如「鮮魚とはまぐりのプレゼ」（法式蒸煮鮮魚蛤蠣）。

ルーロー
肉卷、魚卷
RU RO

將肉類或魚類卷起來而成的料理，如「真鯛のルーロー」（法式鯛魚卷）。

キッシュ
鹹派
KI SHU

以雞蛋跟奶油製成的小點。

グリエ
網烤
GU RI E

以直火網烤的料理。如「サーモンのグリエ」（烤鮭魚）。

コンフィ
油封
KON FI

以鹽跟鵝油低溫長時間加熱製成的料理。如「鴨のコンフィ」（油封鴨）。

フリット
炸物
FU RI TO

麵衣中加入打發的蛋白，下鍋油炸而成。如「白身魚のフリット」（炸魚）。

ミキュイ
嫩煎半生熟
MI KYU I

如其名，將食材煎至半生熟狀態的料理。如：「サーモンのミキュイ」（嫩煎半生熟鮭魚）。

美式料理

1	2
	3

1. 酪梨漢堡
2. 漢堡
3. 雞翅

ミートローフ **烘肉卷** MI TO RO HU	エッグベネディクト **班尼迪克蛋** E GU BE NE DI KU TO	ハンバーガー **漢堡** HAN BA GA
フライドチキン **炸雞** HU RA I DO CHI KIN	パンケーキ **鬆餅** PAN KE KI	ホットドッグ **熱狗** HO TO DO GU
バッファローウィング **水牛城雞翅** BA FA RO WIN GU	ドーナツ **多拿滋** DO NA TSU	カリフォルニアロール **加州捲** KA RI FO RU NI A RO RU
シュリンプ・スキャンピ **蒜味明蝦** SHU RIN PU SU KYAN BI	フライドポテト **炸薯條** HU RA I DO PO TE TO	チャウダー **巧達湯** CHA U DA 利用海鮮或蔬菜，加上以鮮奶或鮮奶油煮成的濃湯。
クラブケーキ **蟹堡** KU RA BU KE KI	マッシュポテト **馬鈴薯泥** MA SHU PO TE TO	

異國料理菜單
MENU

西班牙料理

$$\frac{1}{2} \Big| 3$$

1. 西班牙燉飯
2. 香蒜雞胗（香蒜辣蝦的變化版）
3. 香蒜辣蝦

タパス
西班牙前菜、塔帕斯
TA PA SU

西班牙式小菜的總稱，可能是涼菜，也可能是熱菜。

チュロス
西班牙油條、裘若
CHU RO SU

將生麵團透過花邊擠筒擠出來，然後再放進油鍋裡炸的料理。

カジョス
西班牙燉牛肚
KA JO SU

將蜂巢肚以茄汁燉煮的料理。

エビのアヒージョ
香辣蒜蝦
E BI NO A HI JO

用橄欖油跟大蒜燉煮食材的塔帕斯。除了蝦之外，也可能用鱈魚、蝸牛、蘑菇、雞胗等食材製作。通常還會搭配麵包或西班牙油條一起上桌。

ムール貝の白ワイン蒸し
酒蒸貽貝
MU RU KA I NO SHI RO WA IN MU SHI

パエリア
西班牙燉飯
PA E RI A

有各式各樣口味的西班牙燉飯。

アルボンディガス
西班牙肉丸
A RU BON DI GA SU

ソパデアホ
西班牙大蒜湯
SO PA DE A HO

德國料理

プレッツェル
椒鹽卷餅、蝴蝶脆餅
PU RE TSE RU

蝴蝶形狀的德國小點，口味偏鹹。

カリーヴルスト
德國咖哩香腸
KA RI VU RU SU TO

煎好的香腸上加入番茄醬及咖哩粉的料理。是德國人的靈魂食物。

フラムクーヘン
德國披薩
FU RA MU KU HEN

ソーセージ
香腸
SO SE JI

フランクフルト
大熱狗
HU RAN KU HU RU TO

在日本，大熱狗是祭典攤販食物的常客。

アイスバイン
德國豬腳
A I SU BA IN

土耳其料理

ケバブ、ドネルケバブ
土耳其烤肉
KE BA BU ／ DO NE RU KE BA BU

流行於南亞及歐洲的土耳其烤肉。ドネル則為旋轉的意思，會把肉吊起來加熱，並把需要的部分削下來使用。

シシケバブ、シシカバブ
土耳其烤肉串
SHI SHI KE BA BU ／ SHI SHI KA BA BU

シシ即串燒的意思。

キョフテ
土耳其烤肉丸
KYO HU TE

南亞的肉丸，有點類似漢堡排。

ピラフ
土耳其手抓飯
PI RA HU

土耳其米飯料理，將米炒過之後加入高湯再炊煮成的料理。

ピデ
土耳其披薩、土耳其扁麵包
PI DE

除了有鋪料的披薩類食物，也可單指扁平狀麵包。

イスケンデルケバブ
亞歷山大烤肉
I SU KEN DE RU KE BA BU

將肉鋪在土耳其麵包上，淋上番茄醬汁的料理。

サフランライス
番紅花飯
SA HU RAN RA I SU

異國料理菜單
MENU

俄羅斯料理

ボルシチ
羅宋湯
BO RU SHI CHI

シチー
俄羅斯白菜湯
SHI CHI

ウハー
烏哈湯、俄羅斯魚湯
U HA

シャシリク
俄羅斯烤肉
SHA SHI RI KU

韓國料理

キムチ
韓式泡菜
KI MU SHI

チヂミ
韓式煎餅
CHI JI MI

スンドゥブチゲ
豆腐鍋
SUN DWU BU CHI GE

チャンジャ
辣鱈魚胃
CHAN JA
將鱈魚的胃醃成辣味的料理。

サムギョプサル
烤三層肉生菜捲
SA MU GYO PU SA RU
也常出現於燒肉店的菜單中。

ビビンバ
石鍋拌飯
BI BIN BA
也常出現於燒肉店的菜單中。

野菜チャプチェ
韓式炒蔬菜冬粉
YA SA I CHA PU CHE

キムパブ、キンパ
韓國飯捲
KI MU PA BU ／ KIN PA

キムチチゲ
泡菜鍋
KI MU CHI CHI GE
チゲ是鍋料理的意思，根據主原料不同，名稱會有所不同。

トッポギ
辣炒年糕
TO PO GI

ケジャン
醬油蟹
KE JAN
以醬汁醃漬的生蟹。

プデチゲ
部落鍋
PU DE CHI GE
加入罐頭肉以及泡麵的鍋料理。

プルコギ
韓式烤肉、銅盤烤肉
PU RU KO GI
以醬油、砂糖等醃過的牛肉，跟蔬菜、冬粉等一起烤製而成的料理。在台灣常常放在銅盤上，日本則較常見放於鐵盤上。

クッパ
韓式泡飯
KU PA
也常出現於燒肉店的菜單中。

ユッケジャン
韓式辣牛肉湯
YU KE JAN

サムゲタン
人參雞湯
SA MU GE TAN

MENU

越南料理

生春巻き
越南春捲
NA MA HA RU KI

フォー
越南河粉
FO

バインミー
越式法國麵包
BA IN MI

ブンボーフエ
越南牛肉米粉
BUN BO HU E

バインセオ
越南煎餅
BA IN SE O

星馬料理

バクテー
肉骨茶
BA KU TE

海南鶏飯
海南雞飯
HAI NAN JI FAN

ラクサ
叻沙麵
RA KU SA

チリクラブ
辣蟹
CHI RI KU RA BU

ホッケンミー
福建麵
HO KEN MI

ナシゴレン
馬來西亞炒飯
NA SHI GO REN

飯加入甜醬油、蝦米、羅望子等炒製而成，並搭配煎蛋、沙嗲等配菜。

ミーゴレン
印尼炒麵、馬來炒麵
MI GO REN

此為東南亞地區的特色料理。

泰國料理

ヤムウンセン
泰式冬粉沙拉
YA MU UN SEN

ラープガイ
泰式辣絞肉沙拉
RA PU GA I

ソムタムタイ
青木瓜沙拉
SO MU TA MU TA I

パックブーンファイデーン
蝦醬空心菜
PA KU BUN FA I DEN

サテ・チャンプール
綜合沙嗲
SA TE CHAN PU RU

ガイヤーン
泰式烤雞
GA I YAN

トムヤムクン
泰式酸辣湯
TO MU YA MU KUN

トムカーガイ
泰式椰汁雞湯
TO MU KA GA I

クンガブアン
月亮蝦餅
KUN GA BU AN

トートマンクン
金錢蝦餅
TO TO MAN KUN

マッサマンカレー
馬散麻咖哩
MA SA MAN KA RE

以咖哩香料與椰奶、花生、月桂葉、肉桂、魚露及肉類等調製而成的咖哩。

異國料理菜單
MENU

1	2	4
	3	

1. 綠咖哩　　3. 馬散麻咖哩
2. 泰式烤雞　　4. 泰式酸辣湯

パネン
椰汁紅咖哩
PA NEN

ガパオライス
打拋飯
GA PA O RA I SU

レッドカレー、ゲーンペッ
紅咖哩
RE DO KA RE ／ GEN PE

パッタイ
泰式炒金邊粉、泰式炒米粉
PA TAI

グリーンカレー、ゲンキョウワ
ン
綠咖哩
GU RIN KA RE ／ GEN KYO WAN

印度料理

印度咖哩肉醬

タンドリーチキン
印度烤雞、天多利烤雞
TAN DO RI CHI KIN

使用香料及乳酪將雞醃成紅色,再放入泥窯中烤製而成。

チキンティッカ
印度無骨烤雞
CHI KIN TI KA

口味同印度烤雞,但指無骨的版本。

キーマカレー
印度咖哩肉醬
KI MA KA RE

キーマ是指把絞肉炒過再煮熟的料理。加入香料可做成咖哩。

サグマトン
菠菜羊肉咖哩
SA GU MA TON

チキンパコラ
印度炸雞
CHI KIN PA KO RA

シークカバブ
印度烤雞串
SHI KU KA BA BU

用雞絞肉及蔬菜做成的肉串。

マトンマサラ
瑪莎拉羊肉咖哩
MA TON MA SA RA

加入綜合香料瑪莎拉的咖哩。

サモサ
印度咖喱角
SA MO SA

以麵粉皮包鹹味餡料的烘焙小吃,餡料包含絞肉、馬鈴薯、洋、豌豆等。

パパド
印度豆煎餅
PA PA DO

ナン
饢
NAN

南亞的主食之一,是一種發酵麵餅。

異國料理菜單
MENU

墨西哥料理

ワカモレ
酪梨醬
WA KA MO RE

サルサ
莎莎醬
SA RU SA

タコス
墨西哥夾餅、塔可
TA KO SU

トルティーヤ
墨西哥薄餅
TO RU TI YA

用玉米粉或麵粉製成的薄餅。

トルティーヤ・チップス
墨西哥玉米脆片
TO RU TI YA CHI PU SU

ナチョス
辣肉醬起司玉米脆片
NA CHO SU

將辣肉醬、融化的起司淋在玉米脆片上的料理。

ジャンバラヤ
什錦飯
JAN BA RA YA

以米、蔬菜、肉為主原料，並加入煙燻火腿、洋蔥、芹菜等一起炒製而成。

ブリトー
墨西哥捲餅
BU RI TO

將肉、豆類、生菜等以薄餅捲起來吃的料理。

唯我独尊｜北海道

富良野市區中，轟立一間獨具風格的小木屋，可以吃到當地流行的「咖哩蛋包飯」，加入大量的起司，搭配自家製的香腸，深深受到在地人的歡迎。咖哩口味跟一般偏甜的日本口味不太相同，是用三十多種香料煮成，帶點辛辣，是重口味的大人咖哩。

店名｜唯我独尊　**地址**｜北海道富良野市日の出町 11-8　**電話**｜0167-23-4784　**營業時間**｜11:00-20:30　**公休日**｜週一

広小路キッチンマツヤ｜愛知

創立於一九六二年的名古屋老牌洋食屋，招牌料理是五十多年來口味沒變過的豬排。強調連調味料、燻製品都由店家手工製作，絕不使用任何現成原料，是一間很有態度的洋食屋。豬排之外，炸蝦、炸豬排都有很不錯的水準，不論在地人、觀光客都很支持的好店。

店名｜広小路キッチンマツヤ　**地址**｜愛知県名古屋市中区錦 1-20-25 広小路 YMD ビル 1F　**電話**｜052-201-2082　**營業時間**｜11:30-14:00、17:00-23:00　**公休日**｜無

オーチャードグラス｜北海道

位於川湯溫泉車站內的小小洋食屋，位子不多，很快就會客滿。一小時僅有一班車的無人車站，竟也有人專程坐車來這裡用餐，可見其人氣程度。燉牛肉毫無疑問是這裡的招牌，分量大，牛肉鮮美，牛肉燴飯（ハヤシライス）的香滑醬汁淋上白飯，散發撲鼻香氣，又有幾個人能抗拒呢？

店名｜オーチャードグラス　**地址**｜北海道川上郡弟子屈町川湯駅前 1-1-18　川湯温泉駅舎内　**電話**｜015-483-3787　**營業時間**｜10:00-18:00　**公休日**｜週二

北極星｜大阪

號稱是蛋包飯創始店之一的北極星，位於海遊館旁的分店。以薄薄蛋皮包起茄汁炒飯，雖是第一次吃，但竟會讓人產生一種非常懷念的感覺。最接近創業當時口味的就是「大正口味蛋包飯」，想到近百年前的人，就吃著跟現代同樣口味的蛋包飯，有種特殊情懷啊！

店名｜北極星 天保山店　**地址**｜大阪府大阪市港区海岸通 1-1-10 天保山マーケットプレース 2F　**電話**｜06-6576-5823　**營業時間**｜11:00-19:00　**公休日**｜週二、週四

Zooton's ｜東京

隱藏在國際通商圈巷弄間的美式漢堡店，以手作麵包及烤得
香噴噴的漢堡肉聞名，招牌是加上打成泥狀的酪梨醬的「酪
梨起司漢堡（アボガドチーズバーガー）」，不只口味好，
顏值也是一流，吸引很多海內外旅客前來光顧。白天提供漢
堡、咖啡及飲品，晚上則搖身一變為提供調酒的酒吧。

店名｜Zooton's　**地址**｜沖繩縣那霸市久茂地 3 丁目 4-9　**電
話**｜098-861-0231　**營業時間**｜11:00-20:00(週二、週日僅到
16:00)　**公休日**｜無

カスターニエ軽井沢ローストチキン｜長野

每天中午都會大排長龍的輕井澤烤雞名店。嚴選來自鹿兒島
的雞隻，處理後用特製醬汁醃一晚上，並在烤箱中烤滿一小
時，才能上桌。店主的堅持，完完全全顯現在外脆內香鮮嫩
多汁的雞肉風味上，難叫人不為之著迷。除了烤雞之外，也
有賣披薩、義大利麵等洋食，口味也很不錯。

店名｜カスターニエ　軽井沢ローストチキン　**地址**｜長野縣北
佐久郡輕井沢町輕井沢東 23-2　**電話**｜050-2018-1344　**營業時
間**｜16:00-21:00　**公休日**｜週一至週二

TRATTORIA PRIMO ｜長野

輕井澤舊公路方向，可以看到森林中的時尚木屋，原來是一
間正統義大利餐廳。主廚擅長使用當地的高原蔬菜，做出一
道道口味道地的義大利菜色。不論是義大利麵或是披薩，都
是讓人吃一口就停不下來的優秀之作。因為不能訂位，記得
要早點去，以免向隅。

店名｜TRATTORIA PRIMO　**地址**｜長野縣北佐久郡輕井沢町輕井
沢 330-8　**電話**｜0267-42-1129　**營業時間**｜11:30-14:45、
17:00-21:00　**公休日**｜無

AL Fortuna ｜愛知

強調只使用簽約農家的蔬菜，並且完全不使用化學調味料，
強調健康自然的義大利餐廳。開放式的廚房，可以看到廚師
忙進忙出，製作料理的過程。各式開胃菜、沙拉、義大利麵
都有很不錯的水準，是一間可以放心享受料理的好餐廳。

店名｜AL Fortuna　**地址**｜愛知縣名古屋市千種区末盛通 1-1
弘法屋ビル 2F　**電話**｜052-753-4799　**營業時間**｜12:00-
15:00、18:00-20:00　**公休日**｜週一、每月第一個星期二、每月
第三個星期日

カフェくるくま｜沖繩

沖繩南部的海景餐廳，老闆因健康理由開始種植香草，後來甚至開了以香草入菜的餐廳。餐點是以泰式為主的東南亞料理，各式咖哩、泰式烤雞、泰式酸辣湯都非常值得一試。吃飽後來可以移到外側的大露臺，欣賞七色藍漸層的無敵海景。

店名｜カフェくるくま　**地址**｜沖繩縣南城市知念字知念 1190　**電話**｜098-949-1189　**營業時間**｜週一至週五 11:00-17:00、週六至週日 10:00-18:00　**公休日**｜無

シンガポール海南鶏飯｜東京

提供道地新加坡料理的餐廳，店主似乎是台灣人，講中文也可以通，甚至還有賣台啤呢！海南雞飯非常有水準，軟嫩彈牙的去骨雞肉，搭配店家特調的黑醬油，味道一絕。而肉骨茶也是非常道地，蒜頭的香氣令人難以抗拒！

店名｜シンガポール海南鶏飯 水道橋店　**地址**｜東京都千代田区三崎町 2-1-1 2F　**電話**｜03-3264-7218　**營業時間**｜週一至週五 11:30-15:00、17:00-23:30、週六至週日及國定假日 12:00-23:00　**公休日**｜日本新年、週一

オレンジキッチン｜沖繩

沖繩國際通尾端的多國籍料理店，店內氣氛頗有在家吃飯的感覺。招牌是泰式酸辣湯麵，以多種香料煮出層次豐富的湯頭，搭配恰到好處的辣味，真是爽快的一碗。其他還有像是沖繩在地豬肉涮涮鍋、或是運用石垣島辣油的料理等等，每種都很有特色。

店名｜オレンジキッチン　**地址**｜沖繩縣那霸市安里 2-4-11　**電話**｜098-975-7077　**營業時間**｜08:30-15:00（六、日）、11:00-15:00、17:30-22:00　**公休日**｜週三

Chapter 7

素食者在日本怎麼吃

素食
ヴィーガン（VI GAN）

你的身邊有沒有吃素的朋友或親人呢？由於飲食習慣的不同，到日本旅遊的時候，如果有人吃素的話，找餐廳就會是有些麻煩的事情。假設跟團的話，當然可以請旅行社跟對方協調，幫忙出素食餐點。自助客則是要從菜單中找出自己能接受的菜色，如果住在有提供早晚餐的日式旅館時，則需要先跟旅館溝通自己的飲食需求才行。

為什麼在日本吃素會很麻煩呢？主要是因為日本料理常常都以柴魚、小魚乾取的高湯作為料理的基礎，在無法了解製作手法的前提之下，為了不要吃到葷的，就必須迴避有風險的料理。這麼一來，可以選擇的餐點就少之又少了。如果非常在意這些部份的話，外食就變得很困難，必須以便利商店可吃到的簡單食物，跟自己煮為前提來思考日本的旅行。

本章節中除了分享素食者類型的日文說法之外，還會提供怎麼從日本網站中找到素食店家資訊，並提供簡單句子，可以跟店家做更好的溝通。希望素食旅行者也能吃得開心。

素食者的類型

所謂的素食者，還可以分成以下幾種，請注意這些素食種類的名稱，並非所有日本人都知道，所以與其用專有名詞來說明，還不如直接說出不吃的種配與品項，對方也能馬上對應。

- **純素食主義 ヴィーガン（Vegan）**
  嚴格的全素主義，除了動物性食品，含乳製品、蜂蜜等一律不吃之外，還拒絕一切娛樂等目的的動物利用，也不使用動物製作的商品，如皮革、毛草、動物性化粧品等。

- **純素食主義 ダイエタリー・ヴィーガン（Dietary Vegan）**
  這比較接近我們一般人所謂的「吃全素」，也就是不吃任何動物性食品，但對於食用目的以外的動物利用，並沒有特別排斥。

- **全素忌五辛 オリエンタル・ベジタリアン（Oriental Vegetarian）**
  跟宗教因素比較有關係的全素，當然也會忌口五辛，包含蔥（以及洋蔥）、薤（日本叫做らっきょう，台語曰「蕗蕎」）、韭菜、大蒜、興渠（印度香料，又稱阿魏）都不食用。日本料理中經常使用蔥及洋蔥，點餐時要注意一下。

- **蛋奶素 ラクト・オボ・ベジタリアン（Lacto-ovo-vegetarian）**
  跟全素一樣不吃任何動物性食品，但可以吃乳製品及雞蛋。

- **鍋邊素、方便素**

  因為鍋邊素並沒有正確的定義，所以也很難用日文表達。建議可以問店家，是否有蔬菜比較多的餐點。如果是葷食餐廳，盡可能請店家不使用肉類來料理，或者從葷菜中只挑出青菜、豆類食品來吃的方式。在日本如果可以接受鍋邊素的話，選擇就會比較廣，可以吃燒肉（點蔬菜），也可以吃串燒（點蔬菜的串燒），基本上大部分的餐廳都可以去了！但老樣子，如果要請日本餐廳特別為你作素菜，是很有可能被拒絕的，所以最好在門口就要問清楚了。

  \ speak！/
  ## 素食者常用的店家溝通用語 〜〜〜〜〜〜〜〜〜〜〜〜

  素食者一定要記起來的一句話。

  有賣素食餐點嗎？
  ベジタリアンメニューはありますか。
  BE JI TA RI AN ME NYU WA A RI MA SU KA

  就算店家說可以做成素食，也很有可能只是沒有放入魚或肉的菜色而已。

  有哪些餐點可以做成素的嗎？
  ベジタリアン用にできるメニューはありますか。
  BE JI TA RI AN YOU NI DE KI RU ME NYU WA A RI MA SU KA

  可以接受鍋邊素的朋友，可以多多使用這一句。

  請推薦一些使用大量蔬菜的菜色。
  野菜が多めに使われたメニューをおすすめください。
  YA SAI O O ME NI TSU KA WA RE TA ME NYU O O SU SU ME KU DA SA I

  如果不知道怎麼跟旅館溝通自己的吃素型態為全素，可以利用這段話來說明。

  我吃全素。
  乳製品と卵を含むすべての動物性食品は一切食べません。
  NYU SE I HIN TO TA MA GO O HU KU MU SU BE TE NO DO BU
  TSU SE I SHO KU HIN WA I SAI TA BE MA SEN

  ► next page

如果不知道怎麼跟旅館溝通自己不吃五辛食材，可以利用這段話來說明。

我吃全素忌五辛。

乳製品と卵を含むすべての動物性食品は一切食べません。そして
にんにく、にら、らっきょう、ねぎ、玉ねぎなども食べません
NYU SE I HIN TO TA MA GO O HU KU MU SU BE TE NO DO BU TSU SE
I SHO KU HIN WA I SAI TA BE MA SEN. SO SHI TE NIN NIKU NI RA RA
KYO NE GI TA MA NE GI NA DO MO TA BE MA SEN

如果不知道怎麼跟旅館溝通自己的吃素型態為蛋奶素，可以利用這段話來說明。

我吃蛋奶素。

肉などの動物性食品は食べませんが、乳製品と卵は食べます。
NI KU NA DO NO DO BU TSU SE I SHO KU HIN WA TA BE MA SEN GA ,
NYU SE I HIN TO TA MA GO WA TA BE MA SU

如何在網路上找素食餐廳

根據統計，日本約有 9.2% 的素食人口，雖然日本比較沒有天天外食的習慣，但仍然可以找到提供素食的餐廳。可參考日本素食協會等網頁，來找出自己的旅行地是否有這類餐廳喔！

找素食餐廳常用網站

日本素食協會官網餐廳列表
網址｜http://www.jpvs.org/menu-restaurant/

日本素食咖啡館情報誌網站
網址｜https://vegmag.org/

Chapter 8

甜點是另一個胃

咖啡
麵包　篇
下午茶

甜點
甘い物（A MA I MO NO）

　　喜愛去日本吃甜點的人可不少！尤其在日本，無論是百貨公司的美食區，或是街上有氣氛的甜點專賣店，櫥窗裡的蛋糕與塔派往往都精緻得讓人忍不住讚嘆。而喜歡喝咖啡的人，當然也別錯過日本的咖啡店，除了品飲現沖咖啡之外，也能在咖啡店或下午茶專賣店稍微歇息，感受旅行中寧靜美好的時光。

　　本章節整理了在大部分菜單中，可以看到的飲料、麵包與甜點。如果到咖啡館，或是需要在餐廳用餐的時候，可以更明確地掌握自己喜歡的口味。

```
  | 2
1 |---
  | 3
```

1. 望著放置蛋糕的玻璃櫃，總煩惱著要挑哪一個好呢？
2. 旅行中的美好莫過於安靜享受下午茶的時刻。
3. 除了西洋甜點，也可以選擇充滿日本風味的抹茶組合。

常見的咖啡館午餐／鹹食菜單 〰〰〰〰〰

ランチプレート／
ワンプレートランチ
午餐盤
RAN CHI PU RE TO ／
WAN PU RE TO RAN
CHI

ピラフ
土耳其手抓飯
PI RA HU

パスタ
義大利麵
PA SU TA

キッシュ
鹹派
KI SHU

ピザ
披薩
PI ZA

カレーライス
咖哩飯
KA RE RAI SU

オムライス
蛋包飯
O MU RAI SU

甜點

プリン
布丁
PU RIN

プリンアラモード
法式水果布丁
PU RIN A RA MO DO

在布丁旁邊加上水果、甜點做裝飾的甜點。

クレーム・ブリュレ
焦糖烤布蕾
KU RE MU BU RYU RE

パフェ
百匯
PA FE

在長玻璃杯中加入冰淇淋、水果、穀麥、巧克力、堅果等配料。

サンデー
聖代
SAN DE

跟百匯的差別僅在容器不同。

あんみつ
餡蜜
AN MI TSU

將蜜豆跟紅豆泥做成球狀，並加入寒天、白芋湯圓、杏桃等做成的和菓子。

いちご大福
草莓大福
I CHI GO DA I HU KU

ぜんざい
紅豆餡、紅豆湯
ZEN ZAI

在關東是指紅豆餡，在關西則指紅豆湯。

おしるこ
紅豆湯
O SHI RU KO

關東おしるこ會使用有顆粒的紅豆，關西則使用沒有顆粒的紅豆泥。

最中／モナカ
最中
MO NA KA

薄餅皮夾紅豆餡的甜點。

ところてん
心太
TO KO RO TEN

將寒天製成麵條狀，並淋上黑糖蜜的甜點。

葛切り
葛切
KU ZU KI RI

以葛粉或是馬鈴薯澱粉製成麵條狀的日式甜點，然後淋上黑糖蜜使用。

わらびもち
蕨餅
WA RA BI MO CHI

用蕨粉跟砂糖捏成糰狀，然後撒上黃豆粉的甜點。

どら焼き
銅鑼燒
DO RA YA KI

アイスクリーム
冰淇淋
A I SU KU RI MU

シャーベット／ソルベ
雪酪
SHA BE TO ／ SO RU BE

將水果冷藏至結冰後，磨成冰沙，跟冰淇淋不同在於雪酪不添加牛奶。

ジェラート
義式冰淇淋
JE RA TO

ショートケーキ
日式草莓蛋糕
SHO TO KE KI

チョコレートケーキ／
ガトーショコラ
巧克力蛋糕
CHO KO RE TO KE KI / GA TO SHI KO RA

シフォンケーキ
戚風蛋糕
SI FON KE KI

ロールケーキ
蛋糕捲
RO RU KE KI

チーズケーキ
起司蛋糕
CHI ZU KE KI

ザッハトルテ
薩赫蛋糕
ZA HA TO RU TE

一種奧地利巧克力蛋糕，由兩層甜巧克力蛋糕，中間夾一層杏子醬而成。

キルシュトルテ
黑森林蛋糕
KI RU SHU TO RU TE

蛋糕上會撒上巧克力碎末，並放上櫻桃。

ブラウニー
巧克力布朗尼
BU RA U NI

フォンダン・オ・ショコラ
熔岩巧克力蛋糕
FON DAN O SHO KO RA

ティラミス
提拉米蘇
TI RA MI SU

モンブラン
蒙布朗
MON BU RAN

又稱為栗子蛋糕。

タルト
塔
TA RU TO

塔類甜點種類繁多，又以水果塔最為流行。

カステラ
長崎蛋糕
KA SU TE RA

咖啡館與下午茶菜單
MENU

```
1
  ┤ 3
2
```

1. 蘋果派
2. 鬆餅
3. 格子鬆餅

パウンドケーキ	マフィン	エクレア
磅蛋糕	**瑪芬**	**閃電泡芙**
PA UN DO KE KI	MA FIN	E KU RE A

長條狀的泡芙，夾層會擠入卡士達奶油，而表層則常常會塗上糖衣。

マカロン	ミルフィーユ	パンケーキ
馬卡龍	**法式千層酥**	**鬆餅**
MA KA RON	MI RU FI YU	PAN KE KI

若加入鹹料，亦可做成鹹食。

フィナンシェ	アップルパイ	ワッフル
金磚蛋糕	**蘋果派**	**格子鬆餅**
FI NAN SHE	A PU RU PA I	WA HU RU

マドレーヌ	スフレ
瑪德蓮蛋糕	**舒芙蕾**
MA DO RE NU	SU HU RE

源自比利時的甜點。

1	2	4
	3	

1. 多拿滋　　3. 年輪蛋糕
2. 千層蛋糕　4. 泡芙

シュークリーム
泡芙
SHU KU RI MU

如果沒有加入卡士達奶油，純空殼
則稱為「シュー」。

ドーナツ
多拿滋
DO NA TSU

クレープ
可麗餅
KU RE BU

日本版的可麗餅，是現煎薄餅舖上
水果、冰淇淋、並加入鮮奶油或巧
克力醬。

ミルクレープ
千層蛋糕
MI RU KU RE BU

用可麗餅皮堆疊，並塗上鮮奶油的
甜點。

バウムクーヘン
年輪蛋糕
BAU MU KU HEN

アフォガード
阿法奇朵
A FO GA DO

在香草口味義式冰淇淋上，澆上濃
縮咖啡的甜點。

咖啡館與下午茶菜單
MENU

1 | 2　　1. 可麗露
　　　　2. 果凍

ゼリー
果凍
ZE RI

也可能用咖啡、茶製作成凍。

アサイボウル
巴西莓碗
A SA I BO RU

起源自巴西，後在夏威夷大流行後，連日本也吃得到。

チュロス
吉拿棒
CHE RO SU

源自西班牙、葡萄牙一帶的點心。

かき氷
剉冰
KA KI GO RI

だんご
團子
DAN GO

羊羹
羊羹
YO KAN

たい焼き
鯛魚燒
TA I YA KI

カヌレ
可麗露
KA NU RE

麵包

サンドイッチ
三明治
SAN DO I CHI

チーズトースト
起司吐司
CHI ZU TO SU TO

デニッシュ
丹麥麵包
DE NI SHU
起源自丹麥的麵包。

エッグサンド
蛋三明治
E GU SAN DO

ピザトースト
披薩吐司
PI ZA TO SU TO

ベーグル
貝果
BE GU RU

パン・ド・カンパーニュ
鄉村法國麵包
PAN DO KAN PA NU

かつサンド
豬排三明治
KA TSU SAN DO

フレンチトースト
法國吐司
HU REN CHI TO SU TO

クロワッサン
可頌、牛角麵包
KU RO WA SAN

ホットドッグ
熱狗堡
HO TO DO GU

スコーン
司康
SU KON

ブリオッシュ
布莉歐
BU RI O SHU

トースト
吐司
TO SU TO

フォカッチャ
佛卡夏
FO KA CHA
使用橄欖油及香草製作的麵包。

メロンパン
菠蘿麵包
ME RON PAN

ジャムトースト
果醬吐司
JA MU TO SU TO

咖啡館與下午茶菜單
MENU

あんパン
紅豆麵包
AN PAN

クリームパン
克林姆、奶油麵包
KU RI MU PAN

コロネ
螺旋麵包
KO RO NE

カレーパン
咖哩麵包
KA RE PAN

焼きそばパン
炒麵麵包
YA KI SO BA PAN

パニーニ
帕尼尼
PA NI NI

咖啡

コーヒー
咖啡
KO HI

ブレンド
混豆咖啡
BU REN DO

日本的咖啡專賣店很多都會以混豆作為店內基本咖啡的名稱，顧名思義就是混合多種咖啡豆，製作店家想要的口味。

ハンドドリップ
手沖
HAN DO DO RI PU

手沖咖啡的總稱。

ペーパードリップ
濾紙萃取
PE PA DO RI PU

ネルドリップ
濾布萃取
NE RU DO RI PU

サイフォン
虹吸式咖啡
SAI FON

水出し
冰滴咖啡
MI ZU DA SHI

アメリカン
美式咖啡
A ME RI KAN

エスプレッソ
義式咖啡、濃縮咖啡
E SU PU RE SO

カフェラテ
拿鐵
KA FE RA TE

ソイラテ
豆漿拿鐵
SO I RA TE

カプチーノ
卡布奇諾
KA PU CHI NO

カフェオレ
咖啡歐蕾
KA FE O RE

カフェモカ
摩卡咖啡
KA FE MO KA

加入牛奶及巧克力的咖啡。

キャラメルマキアート
焦糖瑪奇朵
KYA RA ME RU MA KI A TO

ウインナーコーヒー
維也納咖啡
U IN NA KO HI

在咖啡上加上鮮奶油的喝法。

カフェ・ロワイヤル
皇家咖啡
KA FE RO WA I YA RU

咖啡杯上放上一個湯匙，裡面裝著方糖，加上一點點白蘭地，然後點火燃燒，並加入咖啡攪拌的喝法。

アイリッシュ珈琲
愛爾蘭咖啡
A I RI SHU KO HI

加入白蘭地的咖啡。

ストレート
單品咖啡
SU TO RE TO

ブラジル
巴西
BU RA JI RU

ブルーマウンテン
藍山
BU RU MA UN TEN

原產於牙買加的咖啡。

コロンビア
哥倫比亞
KO RON BI A

キリマンジャロ
吉力馬札羅
KI RI MAN JA RO

原產於坦尚尼亞的咖啡。

マンデリン
曼特寧
MAN DE RIN

原產於印尼的咖啡。

ハワイコナ
科納
HA WA I KO NA

原產於夏威夷的咖啡。

モカ
摩卡
MO KA

原產於葉門的咖啡。

ケニア
肯亞
KE NI A

咖啡館與下午茶菜單
MENU

紅茶

紅茶
紅茶
KO CHA

通常指熱紅茶。

セイロン
錫蘭
SE I RON

原產於斯里蘭卡的紅茶。

アイスティー
冰紅茶
AI SU TI

ダージリン
大吉嶺
DA JI RIN

原產於印度的紅茶。

アッサム
阿薩姆
A SA MU

原產於印度的紅茶。

ニルギリ
尼爾吉利
NI RU GI RI

原產於印度的紅茶。

キーマン
祁門
KI MAN

原產於中國的紅茶。

ミルクティー
奶茶
MI RU KU TI

泡好的紅茶加入牛奶而成。

アールグレイ
伯爵茶
A RU GU RE I

茶葉中加入香柑精油的調味茶。

タピオカミルクティー
珍珠奶茶
TA PI O KA MI RU KU TI

チャイ
印度奶茶
CHA I

印度的茶稱為「チャイ」，一般來說加入鮮奶製成奶茶為主流喝法，在日本，「チャイ」一般是指加入各式香料的紅茶。

ロイヤルミルクティー
皇家奶茶
RO I YA RU MI RU KU TI

將紅茶茶葉以牛奶煮成。

アップルティー
蘋果茶
A PU RU TI

181

日本茶

お茶
綠茶
O CHA

日語中所謂的お茶，除了有茶類總稱的意思之外，就是指綠茶了。

ほうじ茶
焙茶
HO JI CHA

選擇茶葉及茶梗，並以高溫炒過的綠茶。

玉露
玉露茶
GYO KU RO

茶樹開始長新芽的時候，限制其照射的陽光培育一段時間後摘下的茶。

煎茶
煎茶
SEN CHA

將茶葉摘採下來後，為了使其不要發酵，而進行熱處理作業的綠茶。

玄米茶
玄米茶
GEN MAI CHA

將糙米炒過並以一比一的比例加入茶葉。

抹茶ラテ
抹茶拿鐵
MA CHA RA TE

抹茶
抹茶
MA CHA

採下的茶葉不進行揉茶作業，乾燥後以石臼磨過的才能稱為抹茶。

抹茶オレ
抹茶歐蕾
MA CHA O RE

其他茶類

ハーブティー
香草茶、花茶
HA BU TI

香草茶的總稱。

マテ茶
瑪黛茶
MA TE CHA

南美一代流行的茶飲。

スペアミント
綠薄荷
SU PE A MIN TO

ルイボス
南非茶
RU I BO SU

又名博士茶。

ジャスミンティー／さんぴん茶
茉莉花茶
JA SU MIN TI ／ SAN PIN CHA

在沖繩叫做「さんぴん茶」。

カモミール
洋甘菊
KA MO MI RU

ラベンダー
薫衣草
RA BEN DA

ローズヒップ
薔薇果、玫瑰果
RO ZU HI PU

ペパーミント
辣薄荷
PE PA MIN TO

咖啡館與下午茶菜單
MENU

レモングラス
檸檬草
RE MON GU RA SU

ハイビスカス
洛神花
HA I BI SU KA SU

こんぶ茶
昆布茶
KON BU CHA

レモンバーム
檸檬香蜂
RE MON BA MU

ベルベーヌ
馬鞭草
BE RU BE NU

麦茶
麥茶
MU GI CHA

シナモン
肉桂
SHI NA MON

エルダーフラワー
接骨木
E RU DA HU RA WA

黒豆茶
黑豆茶
KU RO MA ME CHA

ローズマリー
迷迭香
RO ZU MA RI

ブルーマロウ
紫羅蘭、藍錦葵
BU RU MA RO

タンポポ
蒲公英
TAN PO PO

オレンジピール
橙皮
O REN JI PI RU

果汁

アップルジュース
蘋果汁
A PU RU JU SU

トマトジュース
番茄汁
TO MA TO JU SU

パッションフルーツジュース
百香果汁
PA SHON HU RU TSU JU SU

オレンジジュース
柳橙汁
O REN JI JU SU

パイナップルジュース／パイン
ジュース
鳳梨汁
PA I NA PU RU JU SU

ピーチジュース
桃子汁
PI CHI JU SU

ホットオレンジ
熱柳橙汁
HO TO O REN JI

グレープフルーツジュース
葡萄柚汁
GU RE PU HU RU TSU JU SU

野菜ジュース
蔬果汁
YA SA I JU SU

スムージー
果昔
SU MU JI

ハイビスカス
桑椹汁
HA I BI SU KA SU

レモネード
檸檬水
RE MO NE DO

レモンスカッシュ
檸檬汽水
RE MON SU KA SHU

將檸檬水加入汽水而成。

其他飲品

メロンソーダ
哈密瓜蘇打
ME RON SO DA

クリームソーダ
冰淇淋蘇打
KU RI MU SO DA

コーラ
可樂
KO RA

ウーロン茶
烏龍茶
U RON CHA

店內的烏龍茶常常指罐裝加糖的烏龍茶。

フラッペ
刨冰
HU RA PE

將咖啡或茶飲加入碎冰而成。

フローズン
冰沙
HU RO ZUN

ジンジャーエール
薑汁汽水
JIN JA E RU

フルーツパンチ
水果潘趣
HU RU TSU PAN CHI

將新鮮水果切碎，或用果凍，加入汽水或酒所製成的飲品，常用於宴客。

フロート
漂浮
HU RO TO

將咖啡或茶飲加入冰淇淋而成。

ミルク
牛奶
MI RU KU

カルピス
可爾必思
KA RU PI SU

ミルクセーキ／シェイク
奶昔
MI RU KU SE KI ／ SHE I KU

ペリエ
沛綠雅礦泉水
PE RI E

ココア
可可
KO KO A

星巴克的 One More Coffee 服務

只要持當日點每日精選咖啡ドリップコーヒー或咖啡密斯朵カフェミスト的收據，在營業時間結束之前，可以優惠價格 162 円 /165 円 (內用 / 外帶價格) 購入續杯的每日精選咖啡，或以 216 円 /220 円 (內用 / 外帶價格) 購入續杯的咖啡密斯朵。續杯咖啡尺寸跟第一杯一樣，可選擇熱或冰。

星巴克飲品自訂服務

豆乳
豆漿
TO NYU

需追加費用

アーモンドミルク
杏仁奶
A MON DO MI RU KU

需追加費用

オーツミルク
燕麥奶
O TSU MI RU KU

低脂肪
低脂牛奶
TEI SHI BO

無脂肪
無脂牛奶
MU SHI BO

シロップ
糖漿
SHI RO PU

ホイップクリーム
鮮奶泡
HOI PU KU RI MU

チョコレートチップ
巧克力脆片
CHO KO RE TO CHI PU

\ speak! /
咖啡館常用會話 ～～～～～～～～～～～～～～～～～～～～～

可以幫我換成低咖啡因的咖啡嗎？
ディカフェにしてもらえますか？
DI KA FE NI SHI TE MO RA E MA SU KA

加 1SHOT 的 EXPRESSO
エスプレッソショット
E SU PU RE SO SHO TO

我想加點〇〇。
〇〇を追加したいです。
～～WO TSU I KA SHI TAI DE SU

可以幫我把牛奶換成〇〇嗎？
ミルクを〇〇にしてもらえますか？
MI RU KU WO ～～ NI SHI TE MO RA E MA SU KA

咖啡館常見疑問

Q **在茶飲的菜單上，經常看到「ポットサービス」是什麼意思？**

A 如果是熱飲的茶水，大部分的計量都是以壺為單位，如果看到「ポットサービス」字樣，即是代表壺裝的茶飲。也可以向店員詢問飲品是否為「PO TO SA BI SU」。

Q **咖啡館可以坐多久？**

A 雖然沒有明確的規定，但一般個人經營型的咖啡館，如果點一杯飲料，基本上就是只能坐一個小時左右的時間，如果想要坐久一點，則需要再點其他飲料或餐點。不過國際品牌連鎖型咖啡館，則不在此限。如果要使用店家的插座，在沒有特別寫明可以使用的情況下（如果每個座位都有，那就不用問了），請記得先問一下店員哦！

Q **咖啡館可以要熱水嗎？**

A 在日本要熱水不是一件很普通的事情，店家是否提供會取決於你要熱水的原因。因為日本並沒有飲用熱開水或溫開水的習慣，所以如果只是想喝熱水，會比較不容易要到，也有點失禮。就算是在咖啡館點整壺的紅茶，喝完了其實也不能跟店家要熱水回沖，如果你跟店家要，他會看在你是外國人的份上給你，臉色還是會怪怪的。但如果你壺中最後一杯紅茶，因為浸泡太久味道已經太濃了，是可以跟店家要熱水的，只是他不會加在壺裡，而會加在杯子裡給你，你可以視情況來沖淡口味，這是唯一可以跟店家要熱水的理由了。

點了甜點後，
一定要點飲料嗎？

A 日本甜點店常採取 ONE-ORDER 制度（ワンオーダー
制），也就是「至少點一樣」的意思。請注意這個至少
要點一樣，常常指的是飲料。也就是除了甜點之外，還
需要再點一杯飲料才可以，而且是一人一杯飲料哦！

有趣的是，名古屋的部分咖啡店竟
然有著點咖啡送吐司的早餐文化！

咖啡館常用會話

如果跟朋友約在咖啡館，可以用這個方式詢問桌子。

我還有一個朋友要來，想要坐空桌的位子。
もう一人が来ますので、テーブル席でもいいですか。
MO HI TO RI GA KI MA SU NO DE TE BU RU SE KI DE MO I DE SU KA

有些咖啡館提供咖啡免費續杯服務，這句就能派上用場。

請再給我一杯咖啡。
コーヒーのおかわりをください。
KO HI NO O KA WA RI O KU DA SA I

如果你的茶飲泡到最後太濃了，可以跟店家詢問沖淡口味用的熱水。

請給我沖淡口味用的熱水。
差し湯をください。
SA SHI YU O KU DA SA I

如果有需要可以詢問，但不是每家咖啡館都願意提供插座給客人使用哦！

可以借用插座嗎？
コンセントを使ってもいいですか。
KON SEN TO O TSU KA TE MO I DE SU KA

點餐的時候，如果不想要加冰塊的飲品，可以用這句，不過通常飲料就不會裝到滿杯囉！

請幫我去冰。
氷抜きにしてください。
KO RI NU KI NI SI TE KU SA SA I

如果有一些原因需要更換座位，可以與店家溝通看看。

我可以換位子嗎？
席を移ってもいいですか。
SE KI O U TSU TE MO I DE SU KA

ドーシェル｜和歌山

位於山坡上的麵包咖啡館，除了可以外帶麵包之外，也有內用區，可以享用披薩、今日午餐等餐點。光是看到趨之若鶩的客人，每個進來都是猛拿剛出爐的麵包，就不難想像它的高人氣。如果不早點來，有可能什麼都買不到哦！

店名｜ドーシェル　**地址**｜和歌山県海草郡紀美野町釜滝 417-3　**電話**｜073-489-5324　**營業時間**｜週四至週五 11:00-16:00、週六至週日及國定假日 10:00-17:00　**公休日**｜週一至週三

帆雨亭｜廣島

位於小山坡上的古宅改建咖啡館，小小的空間，開了大大的一扇窗，可以遠眺尾道水道。望著窗外的景色發呆一會兒，可以體會到真正的心靈寧靜。尾道的階梯路上，隱藏著許多間小小的咖啡館，流連於其中，是旅行中最大的奢侈。

店名｜帆雨亭　**地址**｜広島県尾道市東土堂町 11-30　**電話**｜0848-23-2105　**營業時間**｜10:00-17:00　**公休日**｜無

大江ノ郷自然牧場 ココガーデン｜鳥取

有整面玻璃落地窗的鬆餅店，甜點原料使用自家放養的土雞蛋，招牌是鬆餅。本來以為山裡的甜點，會只重視素材，以基本面決勝負，但這裡的甜點卻是琳瑯滿目，就連擺盤都非常漂亮。鬆餅每一樣都很好吃，特別是法國吐司鬆餅，好吃的程度，讓我一吃就難忘。

店名｜大江ノ郷自然牧場　ココガーデン　**地址**｜鳥取県八頭郡八頭町橋本 877　**電話**｜0858-73-8211　**營業時間**｜10:00-18:00　**公休日**｜無

Café はまぐり堂｜宮城

一位在海嘯中失去妻子的高中老師，回到小時候住過的家鄉。百年古宅因大量瓦礫化為廢墟。幾乎絕望的他，在義工的協助下，決定振作起來，讓家鄉恢復美麗。他把老宅改建成咖啡館、雜貨店，然後把海岸清理乾淨，並在這裡舉辦海上活動，吸引不少觀光客前來。現在大家不只讚嘆此地之美，也品嘗他對家鄉的愛。

店名｜Café はまぐり堂　**地址**｜宮城県石巻市桃浦字蛤浜 18　**電話**｜0225-90-2909　**營業時間**｜預約制

神戶にしむら珈琲店｜兵庫

經過一個小小的庭院，映入眼簾的是一幢美麗的洋房。走進其中，擺滿了古典家具，光是坐在沙發上，就覺得彷彿置身在歐洲的某個宮廷裡。店內的飲料功力也很扎實，最簡單的黑咖啡能喝到醇厚的香氣，而甜點招牌的無花果莓果塔，更是極品美味。

店名｜神戶にしむら珈琲店 北野坂店　**地址**｜兵庫県神戶市中央区山本通 2-1-20　**電話**｜078-242-2467　**營業時間**｜10:00-22:00　**公休日**｜無

みずたまカフェ｜熊本

一個爸爸為了給自己小孩更好、更接近自然的成長環境，把東京的房子賣掉，買了熊本深山中的一塊地，自己一磚一瓦蓋了房子，一半是住家，一半則作為咖啡館營業。雖然路途遙遠，且很容易迷路，但可以在美好的大自然跟充滿愛的環境裡喝上一杯咖啡，真是難得的經驗。

店名｜みずたまカフェ　**地址**｜熊本県上益城郡山都町尾野尻819-2　**電話**｜0967-82-2685　**營業時間**｜完全預約制

Cafe de Lyon ｜愛知

這家位於名古屋傳統建築屋保存地區「四間道」區域，因提供多款外觀亮眼又美味的聖代，深深受到當地女生顧客的歡迎。因為餐點及甜點都是手工製作，所以菜單全都是限量提供，晚來很有可能就吃不到。草莓季節時可以吃到滿滿草莓的聖代，非常推薦。

店名｜Cafe de Lyon　**地址**｜愛知県名古屋市西区那古野 1-23-8　**電話**｜052-571-9571　**營業時間**｜平日 11:00-19:00、例假日09:00-18:00　**公休日**｜週三、每月第二個及第四個星期二

SUMi CAFÉ ｜福岡

改建自農家大宅的馬房，旁邊附設餐廳以及布丁的販賣部。CAFE 除了提供以糸島產蔬菜為主的午間套餐之外，還能吃到日本綜藝節目黃金傳說介紹過的絕品鹽味布丁。二樓附設小型雜貨店，介紹很多在地作家手工打造的精品，是文青不可錯過的好地方。

店名｜SUMiCAFE　**地址**｜福岡県糸島市本 1454　**電話**｜092-330-8732　**營業時間**｜10:00-17:00　**公休日**｜不定休

Chapter 9

日本超市買什麼？

超市

スーパー（SU PA）

日本超市可以買什麼？

　　當我前往日本旅行時，逛超市是一定要做的事情。一來是因為我們家固定都有在吃日本食品，像是穀麥、調味料、味噌、香菇等等；另一方面是因為日本超市太好逛了，不逛一下怎麼可以？但要小心，因為很容易就迷失在購物慾裡啊！接下來就讓我來介紹一些平常會採購的超市單品，希望你也能在日本超市逛得愉快！

① . 凍豆腐

日本凍豆腐的口感綿密，可直接加到味噌湯、或是其他帶有湯汁的料理中使用，吸飽湯汁時，吃起來特別美味。

② . 味噌湯

如果有煮味噌湯的習慣，建議可以買些乾燥的湯料在家備用，有時候我會分開買海帶芽、麵麩，或是綜合版的更方便，有一包就通通搞定。

③ . 麵麩

味噌湯的好朋友──麵麩，有各式各樣的形狀、一開始可以多買幾種來嘗試，了解自己的喜好之後，就能專買那幾種了。

④ . 咖哩塊

準備好食材，只要幾個步驟，就能享用一頓美味的咖哩。近年還發展出雙層不同口味混合的咖哩，或是加入調味糊的咖哩。除了咖哩塊之外，常見的還有牛肉燴飯，以及奶油白醬的類似商品，也都很值得買來試試。

⑤. 穀麥片

穀麥片一向是忙碌現代人的早餐救星，營養豐富又便利，馬上就能帶給我們一天的元氣。我個人偏好日清品牌的穀麥，大部分都有加入果乾，口味選擇多變，不時還有期間限定口味。

⑥. 脫水菠菜

只需要泡一下熱水，就能還原成好吃的菠菜，家裡若沒有新鮮蔬菜的時候，就用這個來代替。且因為分量很好控制，就算一個人開伙也不是問題。可以做成燙青菜，或加入湯中當料使用。

⑦. 薯蕷昆布

這是一種昆布的加工食品，帶有一點酸味，所以不是人人都愛。富含食物纖維跟營養成分，是受到日本女性青睞的天然食品。可加入味噌湯、湯麵中，或也能運用在炒青菜、包飯糰使用。

⑧. 即溶湯包

跟泡麵一樣，加入熱水就能馬上享用的「インスタントスープ」（IN SU TAN TO SU PU），市面上品牌不少，我個人偏好AJINOMOTO 推出的系列商品，特別是蛋花湯（たまごスープ），在我家屬於常備食品，隨時都有，足以應付不時之需。

⑨**.調理包濃湯**

調理包日文為「レトルト」（RE TO RU TO），此類商品選擇很多，除了濃湯之外也有咖哩、義大利麵醬等等。只要微波或隔水加熱一下就能馬上享用，非常便利。我個人比較常買玉米濃湯的調理包，這種商品雖然台灣也有，但日本買的，真的好喝很多耶！

⑩**.鍋物用高湯塊**

AJINOMOTO 推出的方便湯塊，不同於台灣常見的只有雞湯等基本口味，這款有泡菜鍋、雞白湯、豚骨味噌等調製好的口味，可以利用它作成火鍋、湯麵、或是湯品，非常方便。小家庭開伙必備好物，且口味多種，不會一下子就吃膩。

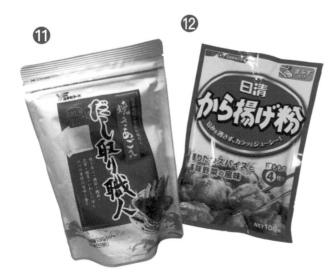

⑪**.日式高湯包**

把小魚乾、昆布、柴魚精華，通通都裝到類似茶包的小袋子中，只需要用熱水滾十分鐘，就能得到一鍋鮮美的高湯。不管是要料理鍋物、湯麵或是煮物，都很便利。有了這個法寶，天天下廚也不喊累了。

⑫**.唐揚炸粉**

如果喜歡吃唐揚炸雞的話，自己炸當然就是最划算的選擇。如果不知道怎麼搭配炸粉比例，可以直接買市面上調味調好的炸粉，把粉抹在雞肉上，下鍋油炸，沒多久就能享用到美味的炸雞了。

⑬ . **S&B 辣油**

S&B 出品的辣油有分兩個顏色，橘色只有香但不辣，紅色則有不錯的辣度。除了辣椒之外，也有加入麻油，所以淋在熱的食物上，會散發出很濃郁的麻油香氣。瓶口的設計也很貼心，要按壓下去，辣油才能滴出來，既方便又不弄髒手或桌面。

⑭ . **七味唐辛子粉**

日本料理店常見的七味唐辛子，是丼飯、烏龍麵、關東煮的最佳配料，也有分辣跟不辣的版本。

⑮ . **桌上醬油**

最近在日本常見的軟瓶醬油，經過特殊設計，可常溫保存，不需冷藏。使用時要擠壓瓶身，醬油才會跑出來，因此很好控制份量，可以一滴一滴使用，避免不小心下手過重的慘劇。

⑯ . **胡麻油**

日本麻油的醇香濃，相信也不需要我多說什麼，加幾滴在燙青菜中，就立刻散發出引起食慾的香氣。對我來說，把麻油跟鹽混合，什麼生菜都吃得下去。麻油選擇很多種，可多方嘗試。另外也有推出跟醬油一樣的桌上版。

⑰ . **柚子醋醬油**

在醬油之中加入柑橘類果汁的調味料，最適合用來搭配煮物、鍋物、烤魚等使用。尤其是在炎熱的夏天，可直接取代醬油，更能引發食慾，也能拿來當沙拉醬使用。

⑱ . **沙拉醬**

生菜沙拉是日本最主要食用蔬菜的方式，所以準備一款好沙拉醬，就是很重要的事情。我個人特別愛焙煎胡麻口味的沙拉醬，其他像是紫蘇、和風、法式等等都很受歡迎。怕胖的話也可以選擇無油脂（ノンオイル）的版本。

⑲ . **柚子胡椒**

柚子胡椒是九州常見的調味料，是用柚子果肉與辣椒製成，在九州市到處都能見到。柚子胡椒本身帶點辣味，如果加一點點在味噌湯中，就會搖身一變，創造出帶有一點清香，尾韻轉辣的層次感。我個人很常運用在鍋物的底味當中。

　　日本食品的包裝上，特別是咖哩塊、啤酒、還有咖啡罐等，總是有寫上許多形容口感或味覺的詞，像是「コク」、「まろやか」、「プチプチ」、「旨味」之類的，往往讓台灣人搞不清楚是什麼意思，好像不買來試試，就無法得知。當然，口味是一種非常抽象的感覺，用文字說明本來就不是容易的事情。或許就是因為這樣，常常可看到包裝上堆疊許多詞彙，來讓句意更貼近自己的感受。現在就來看看日本人如何形容美食吧！

包裝上的形容語句

使用這些詞時，常常不是單一出現的，會同時堆疊許多同義，或近似語意的詞，像是這一句。

" すっきりした味が暑い夏にマッチする柚子ドリンク。ハチミツ入りでまろやかな味わい、コクが、柚子の風味を引き立てている。"

這句的意思是「本品為清爽口味的柚子飲品，非常適合炎熱夏季飲用。添加蜂蜜，使得整體喝起來更加圓潤有層次，也更能帶出柚子的風味。」

- **コク(KO KU)**
  形容口味有層次，並非用來形容單一味覺程度，而是多種味覺堆疊，可造成口味有層次感。常用來形容咖啡、啤酒、咖哩、拉麵等等。如コクがある表示「口味有層次」、コクが深い則是形容「口味層次豐富」。

- **うまみ／旨味(U MA MI)**
  食物的美味、鮮味。現代研究中，把味覺分成酸、甜、苦、鹹、美味（或稱鮮味），うまみ就是指這第五種。

- **コシ(KO SHI)**
  形容咬起來有彈性又有嚼勁。常用來形容麵條、章魚生魚片。如コシがある，就是「很有嚼勁」的意思。

- **のどごし(NO DO GO SHI)**
  指滑過食道時候的觸感，常指啤酒等帶有碳酸的冰涼飲料，入喉後那種暢快的感覺。另外日本人吃麵食類幾乎是用吞的，所以也會用來形容烏龍麵、蕎麥麵等滑過食道時的滑順感。有時也寫成のどごしがいい。

- **〜たて(TA TE)**
  指剛剛完成某動作的，前面的動作常常為料理的作法，或是食材的取得方式。例如：焼きたて表示「剛烤好的〜」、揚げたて則是「剛炸好的〜」，至於搾りたて是「剛榨好的酒、油或果汁」，還有とれたて則是「剛採收、獲取的食材」。有非常新鮮、現做的意思。

- **キレがある（KI RE GA A RU）**

  形容喝完之後清爽，口中不會有負擔，也不會膩的感覺。常用來形容啤酒跟咖啡。

形容基本味覺

除了流行的美食語彙，還有一些用語是基本的酸甜苦辣，也能表達該項美食給人的味覺感受。來看看是什麼樣的用法吧！

- **あまい（A MA I）**

  形容甜味，除了甜食之外，也可以用於形容魚或肉類的甜味。

- **甘ったるい（A MA TA RU I）**

  形容甜味，程度較あまい高。形容甜食為主。

- **甘酸っぱい（A MA ZU PA I）**

  形容酸甜滋味。

- **すっぱい（SU PA I）**

  形容酸味。

- **酸味がある（SAN MI GA A RU）**

  形容食物帶有酸味，可量化，如「酸味が強い」。

- **塩辛い（SHI O KA RA I）**

  形容鹹味。

- **しょっぱい（SHO PA I）**

  形容鹹味，比較俗語的說法。

- **塩味がする（SHI O A JI GA SU RU）**

  形容食物帶有幾分鹹味，可量化，如「塩味が強すぎ」。

- **苦い（NI GA I）**

  形容苦味。

- **苦みがある（NI GA MI GA A RU）**

  形容食物帶有幾分苦味，可量化，如「すこし苦みがある」。

- **ピリ辛（PI RI KA RA）**

  用來形容帶點刺激性辣味的食物。常用於辣味的料理、泡麵、零食等。

- **ほろ苦い（HO RO NI GA I）**

  用來形容略帶點苦味的食物。常用來形容酒類、咖啡、巧克力、茶類等。

　　這類的用語經常可以在糖果、軟性飲料與酒精飲料的包裝上看到，如果不喜太甜，也可以注意多多這類的詞彙。

- **加糖（KA TO）**

  表示含糖。

- **甘さひかえめ（A MA SA HI KA E ME）**

  表示糖分較少。

- **低糖（TE I TO）**

  表示少糖。

- **微糖（BI TO）**

  表示微糖。

- **無糖（MU TO）**

  無糖，咖啡的話叫做「ブラック」（BU RA KU），就是黑咖啡的意思。

- **カロリーハーフ（KA RO RI HA HU）**

  熱量減半。常用於各種飲料、乳製品、堅果製品等。

- **糖質ゼロ（TO SHI TSU ZE RO）**

  指食物中所含醣類為零，或趨近於零。台灣食標中常常標示為碳水化合物，其實這個碳水化合物就是由「醣類」跟「纖維質」組成。常用於酒類飲品、一般飲料等。

- **プリン体ゼロ（PU RIN TAI ZE RO）**

  指食物中所含普林（purine）為零，或趨近於零。常用於啤酒類飲品。

- **ノンコレステロール（NON KO RE SU TE RO RU）**

  指食物中所含膽固醇為零，或趨近於零。也是常用於啤酒類飲品。

- **ノンオイル（NON O I RU）**

  指食物不含油脂。常用來形容沙拉醬。

其他口味或口感

　　一般食品包裝也會有相對的口感形容，這邊就是常見的用語。

- **マイルド／まろやか（MA I RU DO ／ MA RO YA KA）**

  形容料理中某單一口味不會太強烈，整體感覺比較平衡的感覺，也可以說順口、圓潤。習慣重口味的人，可能會覺得味道比較不夠。常用來形容咖哩、白醬料理、咖啡、啤酒等。

- **まったり（MA TA RI）**

  形容口味雖然圓潤，但整體口味仍然濃郁。常用來形容泰式咖哩、口味厚重的拿鐵、千層派、年輪蛋糕等。

- **フルーティー（HU RU TI）**

  富有果香或是水果風味的。常用來形容酒類、水果口味甜點、零食等。

- **濃厚（NO KO）**

  形容口味濃郁，或是油脂豐富。常用來形容牛奶、豚骨拉麵、冰淇淋、起司蛋糕等。

- **ほのか（HO NO KA）**

  帶有一點點～味，後面常接甜味、苦味或香味。

- **ふんわり（HUN WA RI）**

  輕飄飄、軟綿綿的感覺。常用來形容半熟蛋包、土司、波羅麵包。

- **ふわふわ（HU WA HU WA）**

  輕飄飄、軟綿綿的感覺，比ふんわり更有飄起來的感覺。常用來形容棉花糖、雪花冰。

- **とろり（TO RO RI）**

  形容濃稠液體慢慢流下來的感覺。常用來形容蛋黃、布丁、起司、巧克力等。

- **とろける（TO RO KE RU）**

  指固體融化，變成一半液狀的感覺。常用來形容起司、上等的肉品、冰淇淋等。

- **どっしり（DO SHI RI）**

  形容很有份量，具有重量感的食物。常用來形容蛋糕、粗麵、重乳酪蛋糕等。

- **つやつや（TSU YA TSU YA）**

  形容食物表面很有光澤的樣子。常用來形容新鮮蔬果、新米煮的飯、手打蕎麥等。

- **なめらか（NA ME RA KA）**

  形容口感滑順，容易下嚥的感覺。常用來形容主原料為牛奶的食物，或是布丁、咖哩、燉菜、溫泉蛋等。

- **ジューシー（JU SHI）**

  形容多汁的食物。通常用來形容水果、漢堡排、牛排、唐揚等肉類料理。

- **みずみずしい（MI ZU MI ZU SHI I）**

  形容蔬菜中富含水份，很新鮮的感覺。通常用來形容蔬菜、水果。

- **しっとり（SHI TO RI）**

  形容濕潤，口感綿密的食物。常用來形容起司蛋糕、巧克力蛋糕、海綿蛋糕、吐司。

- **パサパサ（PA SA PA SA）**

  形容吃起來乾乾的食物，需要配水一起吃。偏向比較負面的意思。常用來形容放太久的吐司等。

- **ドロドロ（DO RO DO RO）**

  形容食物濃稠的感覺。常用來形容濃湯、麵線糊等。

- **脂がのった（A BU RA GA NO TA）**

  形容海鮮等當季時，肉會富含油脂，較為肥美。常用來形容生魚片、牡蠣、烤魚等。

- **こってり（KO TE RI）**

  指顏色及口味濃郁，富含許多油脂的感覺。常用來形容豚骨拉麵、雞白湯、味噌拉麵等。

- **脂っこい（A BU RA KO I）**

  指食物中含有過多油脂，膩口的感覺。是比較負面的詞，較常用來形容炸雞、牛排等。

- **油がまわる（A BU RA GA MA WA RU）**

  指快炒類料理的油脂有確實滾到飯粒上的感覺。通常用來形容炒飯。

- **あっさり（A SA RI）**

  指味道清淡，吃完不會殘留於口中的感覺。常用來形容拉麵清湯、酒等。

- **さっぱり（SA PA RI）**

  指食物吃起來清爽不膩的感覺。常用來形容帶酸味的食物、醋漬食物、水果酒等。

- **すっきり（SU KI RI）**

  形容全身舒暢的感覺，用在食物上時，指吃完身體沒負擔的感覺。常用來形容涼麵、爽酒、檸檬、清茶等。

- **くどくない（KU DO KU NA I）**

  形容吃完口中不會膩的感覺。通常是指本來應該會膩，卻不會膩的反差感。常用來形容口味重的食物、拉麵、濃湯等。

- **歯ごたえがある（HA GO TA E GA A RU）**

  形容食物咬下去是比較硬的感覺。類似中文說「咬下去有口感」的意思。常用來形容仙貝、魷魚干、堅果、蘋果、生菜棒等等。

- **コリコリ（KO RI KO RI）**

  指軟骨類食物吃起來脆脆的口感。通常用來形容下水、軟骨、海帶梗等。

- **シャリシャリ（SHA RI SHA RI）**

  形容硬且薄的東西碎掉的聲音或口感。常用來形容剉冰、星冰樂、冰沙等。

- **シャキシャキ(SHA KI SHA KI)**
  形容東西咬起來很爽脆的感覺。常用來形容新鮮生菜、豆芽菜、海帶芽的梗、高麗菜等。

- **弾力がある(DAN RYO KU GA A RU)**
  有彈性的意思。除食物以外，也可以用來形容肌膚。

- **もちもち／もっちり(MO CHI MO CHI)**
  形容如麻糬一般 QQ 的口感。常用來形容麵包、甜甜圈、麻糬等。

- **ぷりぷり(PU RI PU RI)**
  從咬斷有彈性的食物所發出的聲音而來。常用來形容蝦子、海鰤及鯛魚生魚片、果凍等。

- **しこしこ(SHI KO SHI KO)**
  形容麵類咬下去很有彈性的感覺。常用來形容烏龍麵、義大利麵等。

- **ぷるぷる(PU RU PU RU)**
  形容布丁之類富有彈性的固體食物，會抖抖抖的那種感覺。常用於布丁、果凍等甜點類。

- **プチプチ(PU CHI PU CHI)**
  形容一顆顆如魚卵類食物的口感。常用來形容魚卵、蝦卵、海葡萄等。

- **ほくほく(HO KU HO KU)**
  形容食物在口中很容易崩解的感覺，類似台語的「鬆」。常用來形容烤地瓜、奶油馬鈴薯、南瓜等。

- **粘りがある(NE BA RI GA A RU)**
  具有黏性的意思，也可以加上程度，如「粘りが強い」。

- **ねばねば／ネバネバ(NE BA NE BA)**
  形容黏性很強的感覺。常用來形容山藥泥、納豆、秋葵等。

- **ねっとり(NE TO RI)**
  形容帶有黏性，比較綿密的口感。常用來形容冰淇淋、烤地瓜、泡芙。

- **サクッとした／サクサク(SA KU TO SHI TA ／ SA KU SA KU)**
  原為食物吃起來清脆的聲音，也可以形容酥脆的食物。常用來形容洋芋片、天婦羅、炸可樂餅等。

- **香ばしい(KO BA SHI I)**
  形容食物經過煎烤或烘焙後，所產生的香氣。常用來形容仙貝、咖啡、烤玉米、烤魚、茶葉等。

- **あつあつ(A TSU A TSU)**
  形容食物很燙的樣子。

- **キンキン(KIN KIN)**
  形容冰冰涼涼的感覺。

在台灣就能品嘗的日本味

如果想念起日本的口味，可是暫時又無法動身飛往日本，那麼要怎麼在台灣超市尋找懷念的日本味呢？本章節就把酒雄個人比較常煮的日式菜色介紹給大家，做法都非常簡單，就算是對料理相對苦手的男生也能獨立完成喔！

RECIPE 1

日式牛肉燴飯

烹調時間 | 30 min　份量 | 4 人

運用簡單的塊狀醬汁就能完成的料理，味道也不會太差。無論什麼時候想吃，都可以自己動手試試看哦！

- 日式牛肉燴飯塊......................1 盒
- 牛肋條 800g
- 米 ....2 杯
- 紅蘿蔔 ....2 根
- 洋蔥...1 顆
- 水 ....適量
- 奶油...少許

① . 熱鍋後放入奶油。
② . 加入已切絲的洋蔥下去拌炒。
③ . 洋蔥炒到變軟變色後，再加入紅蘿蔔塊繼續拌炒。
④ . 加入牛肋條塊炒至肉熟變色。
⑤ . 加水至淹過所有的材料，蓋上鍋蓋悶煮5 分鐘。
⑥ . 確認所有材料都變軟後，加入日式牛肉燴飯塊，持續攪拌至燴飯塊完全融化。
⑦ . 再以小火持續拌煮 5 分鐘就完成了。

▶▶ 水量會影響燴飯濃稠的程度，故加水時應避免一次加入太多水，稍微濃稠一點的醬汁較能包覆材料和白飯，會比較好吃喔！

豬肉千層火鍋

烹調時間｜30 min　份量｜2 人

利用柴魚高湯包完成的料理，也可以將日式柴魚高湯包改成味噌，變化口味。配料如板豆腐、各種菇類及蔬菜等，可隨個人喜好加入，讓配色更繽紛也更營養美味喔！

- 梅花豬肉片或五花豬肉片 600g
- 山東大白菜 .... 半顆
- 紅蘿蔔 .... 1 根
- 日式柴魚高湯包..................... 1 包
- 水 .... 適量

① . 白菜洗淨後，切成高度約 8 公分的大塊備用。
② . 砂鍋或是鑄鐵鍋底部先鋪一層菜葉。
③ . 以一層肉一層菜的順序疊出四層左右。
④ . 由外至內排至鍋中，花心以紅蘿蔔片裝飾。
⑤ . 日式柴魚高湯包加水 200cc，煮沸後即完成高湯，倒入鋪排好的千層鍋中。
⑥ . 蓋上鍋蓋悶煮 10 到 15 分鐘左右就完成了。

▶▶ 白菜加熱後會軟化塌陷，因此可以先在鍋底鋪一層白菜葉加以支撐。此外，排列千層鍋時，塞得愈緊密，煮出來的千層就會愈漂亮喔！

豬肉蔬菜味噌湯

烹調時間 | 30 min　份量 | 4 人

原汁原味的日式「豚汁」，一樣利用柴魚
高湯包就能完成，加上自己喜歡的配料，
在家也能像深夜食堂一樣。

- 豬三層肉片或培根肉片 600g
- 馬鈴薯 .... 4 顆
- 紅蘿蔔 .... 3 根
- 鴻禧菇 .... 1 盒
- 玉米筍 .... 1 盒
- 味噌 .... 適量
- 日式柴魚高湯包 .... 1 包
- 植物油 .... 適量

①. 所有的蔬菜都切成方便入口的小塊狀。

②. 熱鍋熱油後加入三層肉片煎至香味飄出。

③. 加入紅蘿蔔繼續拌炒。

④. 加入馬鈴薯及玉米筍繼續拌炒。

⑤. 食材稍微軟化後，加入可完全淹過食材
的水及日式柴魚高湯包。

⑥. 沸騰 5 分鐘後，撈掉高湯包，加入鴻禧菇。

⑦. 加入適量的味噌。

⑧. 蓋上鍋蓋悶煮 10 分鐘，食材都軟化
後就完成了。

▶▶ 可以依個人喜好加入牛蒡絲以及蒟
蒻，會更有飽足感。

雞肉親子丼

烹調時間 | 20 min　份量 | 2 人

日式的醬汁不知道怎麼用嗎？只要用醬油加上水及一點清酒，就完成了。醬汁味道對了，也可以做出風味上乘的好吃親子丼，自己變化成牛丼或豚丼也沒問題呢！

- 鰹魚醬油............................3 大匙
- 清酒..................................20cc
- 水.....................................120cc
- 雞蛋..................................4 顆
- 雞肉..................................400g
- 洋蔥..................................1 顆
- 玉米筍...............................1 盒
- 大白菜...............................1/4 顆
- 米.....................................2 杯

① . 鰹魚醬油、清酒與水調和成醬汁。
② . 醬汁加熱後，加入切絲的洋蔥拌煮至軟化。
③ . 加入大白菜及雞肉塊繼續拌煮至雞肉半熟。
④ . 雞蛋打散後，先倒入 2/3 的蛋汁，蓋上鍋蓋悶煮 2 分鐘。
⑤ . 倒入剩餘的蛋汁後立即關火，蓋上鍋蓋悶 10 秒鐘。

⑥ . 將煮好的雞肉親子鋪在白飯上就完成了。

▸▸ 蛋汁分成兩次加入是關鍵步驟，第一次的蛋汁能附著在雞肉及洋蔥上，讓材料彼此膠結在一起，第二次的蛋汁則能創造出滑嫩的口感喔！

附錄：日本食材

Index

　　認識食材是在日本享受美食之前很重要的一項學習。知道了食材的名稱，才知道自己到底吃了什麼東西。另一方面，如果有什麼忌口的食物，如果能事先跟對方溝通，就不至於點到自己不喜歡的菜了！

常見蔬菜

　　日本的蔬菜種類繁多，雖然大部分都能在台灣看到，應該不會太過於陌生。話雖如此，雖然名稱一樣，有時候口味跟台灣的還是不太一樣，所以蠻推薦大家可以多方嘗試，說不定可以在日本找到台灣不曾體會過的美味哦！

キャベツ **高麗菜** KYA BE TSU 常見高麗菜的總稱，常用於生食。	タカナ **芥菜** TA KA NA	春菊 **茼蒿** SHUN GI KU 日本茼蒿的菜味比較重一些。
紫キャベツ **紫色高麗菜** MU RA SA KI KYA BE TSU	ハクサイ **白菜** HA KU SA I	あしたば **明日葉** A SHI TA BA 產於八丈島的植物，可入藥用。
レタス **萵苣** RE TA SU	ミズナ **日本水菜** MI ZU NA 是京都傳統蔬菜，又稱為京菜。口感脆脆的，很適合放入鍋物當中。	じゅんさい **蓴菜** JUN SA I
ロメインレタス **蘿蔓萵苣** RO ME IN RE TA SU	小松菜 **小松菜** KO MA TSU NA 富含多種營養素，被當成是健康蔬菜，以關東地區最為常見。	菜の花 **油菜** NA NO HA NA 春天常常可以看到油菜花跟櫻花共演的美景。
モロヘイヤ **黃麻** MO RO HE I YA 中部人喝的「麻薏湯」，就是用黃麻葉為材料。	ほうれんそう **菠菜** HO REN SO	パクチー **香菜** PA KU CHI 許多日本人害怕香菜的氣味。
クレソン **西洋菜** KU RE SON	三つ葉 **鴨兒芹(山芹菜)** MI TSU BA	

常見日本食材

小松菜、青江菜

空心菜
空心菜
KU SHIN SAI

チンゲン菜
青江菜
CHIN GEN SAI

大根
白蘿蔔
DAI KON

聖護院大根
聖護院蘿蔔
SHO GO IN DAI KON
京都品牌蔬菜。

ラディッシュ
櫻桃蘿蔔
RA DI SHU
非常小顆的蘿蔔，看起來很可愛。

聖護院かぶ
聖護院蕪菁
SHO GO IN KA BU
京都品牌蔬菜。

かぶ
蕪菁
KA BU

ごぼう
牛蒡
GO BO

にんじん
紅蘿蔔
NIN JIN

金時にんじん
金時紅蘿蔔
KIN TO KI NIN JIN
京都品牌蔬菜。

蓮根
蓮藕
REN KON

ゆり根
百合
YU RI NE
台菜常出現的炒百合，在日本叫做百合根。

トマト
蕃茄
TO MA TO
日本把蕃茄視為青菜，不會出現在飯後水果中。

ミニトマト
小番茄
MI NI TO MA TO
常為沙拉用。

なす
茄子
NA SU
日本茄子的總稱，形狀有長有圓，種類不少。

ししとう
獅子唐
SHI SHI TO
一種短小的青辣椒，不會辣。

ピーマン
青椒
PI MAN

きゅうり
小黃瓜
KYU RI

じゃがいも
馬鈴薯
JA GA I MO

セロリ
芹菜
SE RO RI

にがうり
苦瓜
NI GA U RI

里芋
芋頭
SA TO I MO

ブロッコリー
綠花椰菜
BU RO KO RI

冬瓜
冬瓜
TO GAN

長芋
山藥
NA GA I MO

カリフラワー
花椰菜
KA RI HU RA WA

かぼちゃ
南瓜
KA BO CHA

自然薯
自然薯
JI NEN SHO

アーティチョーク
朝鮮薊
A TI CHO KU

ズッキーニ
櫛瓜
ZU KI NI

むかご
零余子
MU KA GO

えのきたけ
金針菇
E NO KI TA KE

山藥的營養繁殖器官，跟山藥有類
似的營養成分。

とうもろこし
玉米
TO MO RO KO SHI

アスパラガス
蘆筍
A SU PA RA GA SU

舞茸
舞菇
MA I TA KE

ベビーコーン
玉米筍
BE BI KON

たけのこ
竹筍
TA KE NO KO

椎茸
香菇
SHI TA KE

オクラ
秋葵
O KU RA

きのこ
菇
KI NO KO

きくらげ
木耳
KI KU RA GE

菇類的總稱。

にら
韮菜
NI RA

なめこ
珍珠菇
NA ME KO

常見日本食材

しめじ
占地菇
SHI ME JI

有蕈菇之王的美名。

松茸
松茸
MA TSU TA KE

日本最高檔的蕈類。

エリンギ
杏鮑菇
E RIN GI

マッシュルーム
蘑菇
MA SHU RU MU

トリュフ
松露
TO RYU HU

いんげん豆
四季豆
IN GEN MA ME

そら豆
蠶豆
SO RA MA ME

如果有蠶豆症的話，務必要記得這個名字。

えんどう
豌豆
EN DO

枝豆
毛豆
E DA MA ME

もやし
豆芽菜
MO YA SHI

涼拌麻油的豆芽菜超好吃。

大豆
大豆
DA I ZU

小豆
紅豆
A ZU KI

豆腐
豆腐
TO HU

豆腐的總稱。

絹ごし豆腐
絹豆腐
KI NU GO SHI TO HU

有點類似台灣的嫩豆腐。

木綿豆腐
木棉豆腐
MO MEN TO HU

有點類似台灣的板豆腐。

きな粉
大豆粉
KI NA KO

凍り豆腐
凍豆腐
KO RI TO HU

又稱為高野豆腐。

厚揚げ
油豆腐
A TSU A GE

油炸過的豆腐。

油揚げ
炸豆皮
A BU RA A GE

油炸過的薄豆皮。

こんにゃく
蒟蒻
KON NYA KU

しらたき
蒟蒻絲
SI RA TA KI

湯葉
腐皮
YU BA

麩
麵麩
HU

常見海鮮

　　一般人對於海鮮的名稱沒有那麼熟悉，以至於點菜時常常一個頭兩個大，特別在壽司店，如果沒有圖片可以參考，真的是很難點餐。有了以下列表，可以幫助你了解海鮮的名稱，至於味道，還是要留給你自己嘗試了！

たい
鯛魚
TA I

鯛魚類的總稱。

金目鯛
金目鯛
KIN ME DA I

馬頭鯛
馬頭鯛
BA TO TA I

石鯛
石鯛
I SHI DA I

かさご
石狗公
KA SA GO

かます
梭子魚
KA MA SU

きす
沙鮻
KI SU

はたはた
叉牙魚
HA TA HA TA

まながつお
翎鯧
MA NA GA TSU O

むつ
牛眼鯥
MU TSU

すずき
花鱸
SU ZU KI

いさき
黃雞魚
I SA KI

はた
石斑魚
HA TA

きじはた
赤點石斑魚
KI JI HA TA

くえ
褐石斑魚
KU E

ほっけ
花魚
HO KE

おにおこぜ
老虎魚
O NI O KO ZE

きちじ
喜知次魚
KI CHI JI

めばる
無備平鮋
ME BA RU

たら
鱈魚
TA RA

鱈魚類的總稱。

皮はぎ
剝皮魚
KA WA HA GI

ふぐ
河豚
HU GU

とらふぐ
虎河豚
TO RA HU GU

かれい
鰈魚
KA RE I

常見日本食材

沙梭魚

金目鯛與鯖魚

中型青甘

ひらめ	あじ	いわし
比目魚	**竹莢魚**	**沙丁魚**
HI RA ME	A JI	I WA SHI

はも	しまあじ	にしん
海鰻	**瓜仔魚**	**鯡魚**
HA MO	SI MA A JI	NI SHIN

あなご	しいら	さより
星鰻	**三保公魚**	**水針魚**
A NA GO	SHI RA	SA YO RI

あんこう	かんぱち	飛びうお
鮟鱇魚	**紅甘**	**飛魚**
AN KO	KAN PA CHI	TO BI U O

たちうお	ぶり	さんま
白帶魚	**青甘**	**秋刀魚**
TA CHI U O	BU RI	SAN MA

えい	ハマチ	さわら
魔鬼魚	**中型青甘**	**馬加魚、土魠魚**
E I	HA MA CHI	SA WA RA

較小的青甘會被稱為ハマチ，但其實是同樣的魚。

うなぎ	このしろ	かつお
鰻魚	**窩斑鰶**	**鰹魚**
U NA GI	KO NO SHI RO	KA TSU O

ひらまさ		さば
黃條鰤		**鯖魚**
HI RA MA SA		SA BA

白帶魚、花鱸、馬加魚

竹筴魚、沙丁魚、烏賊

星鰻

きはだ
黃鰭鮪魚
KI HA DA

かじき
旗魚
KA JI KI

まぐろ
鮪魚
MA GU RO
鮪魚的總稱。

本まぐろ
黑鮪魚
HON MA GU RO

さけ
鮭魚
SA KE
或稱しゃけ，鮭魚的總稱。

やまめ
山女魚
YA MA ME

虹ます
虹鱒
NI JI MA SU

桜ます
櫻鱒
SA KU RA MA SU

姫ます
姫鱒
HI ME MA SU

いとう
遠東哲羅魚
I TO

あゆ
香魚
A YU

わかさぎ
西太公魚
WA KA SA GI

こい
鯉魚
KO I
日本鯉魚可供食用。

しらうお
銀魚
SHI RA U O

どじょう
泥鰍
DO JO

なまず
鯰魚
NA MA ZU

すっぽん
鱉、甲魚
SU PON

なまこ
海參
NA MA KO

ほや
海鞘、海鳳梨
HO YA

甘えび
甜蝦
A MA E BI

伊勢えび
日本龍蝦
I SE E BI

車えび
斑節蝦
KU RU MA E BI

常見日本食材

牡丹蝦

蝦蛄

岩牡蠣鯛魚

えび
蝦子
E BI

蝦子的總稱。

しゃこ
蝦蛄
SHA KO

ざりがに
螯蝦
ZA RI GA NI

ぼだんえび
牡丹蝦
BO DAN E BI

オマールえび（ロブスター）
波士頓龍蝦
O MA RU E BI ／ RO BU SU TA

かに
螃蟹
KA NI

螃蟹的總稱。

毛がに
毛蟹
KE GA NI

たらばがに
鱈場蟹
TA RA BA GA NI

ずわいがに
松葉蟹
ZU WA I GA NI

あぶらがに
油蟹
A BU RA GA NI

螢いか
螢烏賊
HO TA RU I KA

するめいか
魷魚
SU RU ME I KA

あおりいか
軟絲仔
A O RI I KA

甲いか
花枝
KO I KA

やりいか
長槍烏賊
YA RI I KA

たこ
章魚
TA KO

かき
牡蠣
KA KI

岩がき
岩牡蠣
I WA GA KI

うに
海膽
U NI

あわび
鮑魚
A WA BI

とり貝
鳥蛤
TO RI GA I

みるくい貝
象拔蚌
MI RU KU I KA I

北寄貝
北寄貝
HO KI GA I

扇貝

海膽與鱈場蟹腳

榮螺

しじみ	このわた	いくら
蜆	**海參腸醃漬**	**鮭魚卵**
SHI JI MI	KO NO WA TA	I KU RA
あさり	いかの塩辛	からすみ
花蛤	**魷魚醃漬**	**烏魚子**
A SA RI	I KA NO SHI O KA RA	KA RA SU MI
はまぐり	酒盗	たらこ
文蛤	**魚內臟醃漬**	**鱈魚子**
HA MA GU RI	SHU TO	TA RA KO
赤貝	数の子	アンチョビ
赤貝	**鯡魚魚卵**	**鯷魚**
A KA GA I	KA ZU NO KO	AN CHO BI
ツブ	明太子	エスカルゴ
螺	**明太子**	**蝸牛**
TSU BU	MEN TA I KO	E SU KA RU GO
螺類的總稱，包含海螺、田螺等。	キャビア	ししゃも
さざえ	**魚子醬**	**柳葉魚**
蠑螺	KYA BI A	SHI SHA MO
SA ZA E	すじこ	さくらえび
帆立貝	**帶筋鮭魚卵**	**櫻花蝦**
扇貝	SU JI KO	SA KU RA E BI
HO TA TE GA I		

常見日本食材

煮干し **小魚乾** NI BO SHI	ちくわ **竹輪** CHI KU WA	昆布 **昆布** KON BU
ちりめんじゃこ／しらす **魩仔魚** CHI RI MEN JA KO ／ SHI RA SU	かまぼこ **蒲鉾魚板** KA MA BO KO	のり **海苔** NO RI
かつお節 **柴魚** KA TSU O BU SHI	わかめ **海帶芽** WA KA ME	もずく **水雲** MO ZU KU
はんぺん **半片** HAN PEN	ひじき **羊栖菜** HI JI KI	

常見果實

　　水果也是很多人到日本旅遊不會錯過的美食，很多台灣吃起來很貴的水果，在日本超市卻能以便宜的價格入手，可說是吃越多，賺越多！而堅果類也會出現在冰淇淋的口味或配料上，如果能多認識一些，也滿有幫助的！

りんご **蘋果** RIN GO	みかん **蜜柑** MI KAN	グレープフルーツ **葡萄柚** GU RE PU FU RU TSU
なし **梨子** NA SHI	レモン **檸檬** RE MON	もも **水蜜桃** MO MO
びわ **琵琶** BI WA	ゆず **香橙** YU ZU	さくらんぼ **櫻桃** SA KU RAN BO
ラ・フランス **西洋梨** RA HU RAN SU	ライム **萊姆** RA I MU	あんず **杏桃** AN ZU

すいか	ブルーベリー	パパイヤ
西瓜	**藍莓**	**木瓜**
SU I KA	BU RU BE RI	PA PA I YA

メロン	クランベリー	ランブータン
哈密瓜	**蔓越莓**	**紅毛丹**
ME RON	KU RAN BE RI	RAN BU TAN

いちご	マンゴー	スターフルーツ
草莓	**芒果**	**楊桃**
I CHI GO	MAN GO	SU TA HU RU TSU

ぶどう	バナナ	ドラゴンフルーツ
葡萄	**香蕉**	**火龍果**
BU TO	BA NA NA	DO RA GON HU RU TSU

マスカット	パイナップル	グアバ
麝香葡萄	**鳳梨**	**芭樂**
MA SU KA TO	PAI NA PU RU	GU A BA

柿	パッションフルーツ	カシューナッツ
柿子	**百香果**	**腰果**
KA KI	PA SHON HU RU TSU	KA SHU NA TSU

ざくろ	ドリアン	落花生
石榴	**榴槤**	**花生**
ZA KU RO	DO RI AN	RA KA SE I

いちじく	ライチ	ぎんなん
無花果	**荔枝**	**銀杏**
I CHI JI KU	RA I CHI	GIN NAN

カシス	アボカド	くるみ
黑醋栗	**酪梨**	**核桃**
KA SHI SU	A BO KA DO	KU RU MI

ラズベリー／フランボワーズ	キウイ	マカダミアナッツ
覆盆子	**奇異果**	**夏威夷豆**
RA ZU BE RI ／ HU RAN BO WA ZU	KI U I	MA KA DA MI A NA TSU

常見日本食材

ヘーゼルナッツ
榛果
HE ZE RU NA TSU

ピスタチオ
開心果
PI SU TA CHI O

1
2

1. 哈密瓜
2. 超市水果賣場

常見廚房香料

通常到西式的餐廳用餐，比較容易瞧見香草類的辛香料。如果你也喜歡逛日本超市，還會發現許多醃漬品也都是好吃的日本辛香料哦！

バジル **羅勒** BA JI RU	シナモン **肉桂** SHI NA MON	サフラン **番紅花** SA HU RAN
パセリ **巴西利、香芹** PA SE RI	クローブ **丁香** KU RO BU	ローズマリー **迷迭香** RO ZU MA RI
パクチー **香菜** PA KU CHI	ローリエ **月桂葉** RO RI E	ターメリック／ウコン **薑黃** TA ME RI KU ／ U KON
コショウ **胡椒** KO SHO	ナツメグ **肉豆蔻** NA TSU ME GU	オレガノ **奥勒岡葉** O RE GA NO

キャラウェイ	下仁田ねぎ	カイエンペッパー
凱莉茴香、葛縷子	**下仁田蔥**	**凱宴辣椒粉**
KYA RA WE I	SI MO NI TA NE GI	KA I EN PE PA

クミン	にんにく	チリペッパー
孜然	**蒜頭**	**紅辣椒粉**
KU MIN	NIN NI KU	CHI RI PE PA

フェンネル	しょうが	メース
茴香	**薑**	**肉豆蔻皮**
FEN NE RU	SHO GA	ME SU

らっきょう	山椒	カルダモン
薤	**山椒**	**綠荳蔻**
RA KYO	SAN SHO	KA RU DA MON

台語稱為「蕗蕎」，常醃漬來吃。　類似花椒的日本香料。

みょうが	唐辛子	オールスパイス
蘘荷(茗荷)	**辣椒**	**全香子**
MYO GA	TO GA RA SHI	O RU SU PAI SU

薑科的植物，氣味濃烈，常作為香料使用。

大葉	ハラペーニョ	フェヌグリーク
紫蘇	**墨西哥辣椒**	**葫蘆巴**
O BA	HA RA PE NYO	FE NU GU RI KU

可能指葉子或種子

わさび	八角	カレーリーフ
芥末	**八角**	**咖哩葉**
WA SA BI	HA KA KU	KA RE RI FU

ねぎ	コリアンダー	マスタード
蔥	**芫荽子**	**芥末子**
NE GI	KO RI AN DA	MA SU TA DO

たまねぎ	ブラックペッパー	パプリカ
洋蔥	**黑胡椒**	**紅椒粉**
TA MA NE GI	BU RA KU PE PA	PA PU RI KA

常見日本食材

サフラン
番紅花
SA FU RAN

セージ
鼠尾草
SE JI

ローズマリー
迷迭香
RO ZU MA RI

ガラムマサラ
葛拉姆馬薩拉
GA RA MU MA SA RA

綜合咖哩粉

ゆず
柚子
YU ZU

タイム
百里香
TAI MU

エシャロット
紅蔥頭
E SHA RO TO

レモングラス
香茅
RE MON GU RA SU

タラゴン
龍蒿
TA RA GON

クレソン
西洋菜
KU RE SON

ジュニパーベリー
杜松子
JU NI PA BE RI

ホースラディッシュ
辣根
HO SU RA DI SYU

又稱西洋山葵

ミント
薄荷
MIN TO

くちなし
山梔子
KU CHI NA SHI

ラベンダー
薰衣草
RA BEN DA

ルッコラ
芝麻葉
RU KO RA

附錄：常用會話
Conversation

　　前往餐廳時最常使用的，不外乎就是詢問營業否，是否要候位等等。如果剛好去的是熱門餐廳，或是處於用餐的尖峰時段，可以跟餐廳服務人員說可以接受吧台座位，以減少候位的時間。另外在餐廳用餐時，很可能有需要多一副碗筷，或有詢問特殊備品的需求。這時候就需要學會說「請給我某某物品」的用法。而在日本超市買熟食，通常不會主動提供筷子、湯匙等餐具，得要主動向店員提出。這些基本的日語會話，可以在去之前先背幾句喔！

\ speak! /
進門前

> 這些都是決定用餐前，你可能會想知道的資訊。

營業時間是幾點到幾點？
營業時間は何時から何時までですか
EI GYO JI KAN WA NAN JI KA RA NAN JI MA DE DE SU KA

現在有空位嗎？
今は空いてますか
I MA WA A I TE I MA SU KA

請問可以外帶嗎？
持ち帰りは可能ですか
MO CHI KA E RI WA KA NO DE SU KA

請問要等多久呢？
待ち時間はどれくらいですか
MA CHI JI KAN WA DO RE KU RA I DE SU KA

\ speak! /
詢問座位

> 許多餐廳常見到吸菸區與禁菸區，如果有這方面的需求，可跟店家提出。

我想要禁菸座位。
禁煙席がいいです
KIN EN SE KI GA I DE SU

► next page

220

我想要露天座位。
テラス席がいいです
TE RA SU SE KI GA I DE SU

我想要包廂。
個室がいいです
KO SHI TSU GA I DESU

如果座位很滿，又想快一點入座的話，可以請店家安排吧台座位。

我可以接受吧台位。
カウンター席でも大丈夫です
KA UN TA SE KI DE MO DA I JO BU DE SU

\speak!/
點餐時

不敢吃的、不能吃的，記得要先跟店家詢問溝通哦！

請幫我去冰。
氷抜きにしてもらえますか
KO O RI NU KI NI SHI TE MO RA E MA SU KA

我要套餐。
セットで
SE TTO DE

我要單點。
単品で
TAN PIN DE

我不敢吃生的。
生ものは苦手です
NA MA MO NO WA NI GA TE DE SU

► next page

我不吃牛肉。

牛肉は食べません

GYU NI KU WA TA BE MA SEN

如果不知道要點什麼，可以請店員推薦或是參考別桌的菜色。

有什麼推薦的嗎？

オススメは

O SU SU ME WA

請給我一份跟他一樣的。(同時要比一下別桌點的菜。)

あれと同じものをください

A RE TO O NA JI MO NO O KU DA SA I

\speak！/
用餐時

如果是嘗鮮，遇到不大懂該食物吃法的時候，最好還是詢問一下店員吧！

我不知道怎麼吃。

食べ方がわかりません

TA BE KA TA GA WA KA RI MA SEN

可以幫我切一半嗎？

半分に切ってもらえますか

HAN BUN NI KI TTE MO RA E MA SU KA

‥ 漢堡之類的餐點可以請店家幫忙切半。

可以幫我再加熱一次嗎。

温めなおしてもらえますか

A TA TA ME NA O SHI TE MO RA E MA SU KA

‥ 湯品之類的如果冷掉了，可以請店家幫忙加熱。

我把飲料打翻了。

飲み物をこぼしてしまいました

NO MI MO NO O KO BO SHI TE SHI MA I MA SHI TA

\ speak! /
尋求服務時

除了向店員提出需求，點餐也可以使用這個句子喔！

請給我～
～を（數量）ください。
～ O KU DA SA I

常見的需求物品，大概都在這裡了！

菜單 メニュー ME NYU	**水** お水／お冷 O MI ZU ／ O HI YA	**茶** お茶 O CHA	**冰塊** 氷 KO O RI
筷子 お箸 O HA SHI	**濕毛巾** おしぼり O SHI BO RI	**小盤子** 取り皿 TO RI ZA RA	**湯匙** スプーン SU PUN
托盤 トレー TO RE	**叉子** フォーク FO KU	**刀子** ナイフ NAI HU	**面紙** ティッシュ TI SHU
吸管 ストロー SU TO RO	**兒童餐具** 子供用食器 KO DO MO YO SYO KKI	**兒童椅** 子供用椅子 KO DO MO YO I SU	**夾子** トング TON GU 燒肉用的夾子。
紙圍裙 紙エプロン KA MI E PU RON 吃燒肉或是拉麵的時候，如果怕衣服被濺到可以用。	**髮圈** 髪ゴム KA MI GO MU 給長頭髮的女生用的，特別是吃拉麵想喝湯時會用到。	**舀湯用的湯匙** レンゲ REN GE 中華料理、拉麵、烏龍麵時會使用的湯匙。	**豬口杯** ちょこ CHO KO 喝清酒用的小杯子。

不管是料理還是飲料，需要再來一份就說這句吧！

再來一份。
おかわり
O KA WA RI

► next page

一個
一つ
HI TO TSU

二個
二つ
HU TA TSU

三個
三つ
MI TSU

四個
四つ
YO TSU

五個
五つ
I TSU TSU

六個
六つ
MU TSU

七個
七つ
NA NA TSU

八個
八つ
YA TSU

九個
九つ
KO KO NO TSU

十個
十個
JU KO

一人一個
人数分
NIN ZU BUN

\ speak! /
結帳時

吃飽要離開的時候，日本人通常會說「感謝招待」，
除了感謝店家的服務之外，也代表要結帳的意思。

感謝招待。
ごちそうさまでした
GO CHI SO SA MA DE SHI TA

請幫我結帳。
お会計をお願いします
O KA I KE I O O NE GA I SHI MA SU

可以刷卡嗎？
カードでもいいですか
KA DO DE MO I DE SU KA

我們可以分開付嗎？
別々でもいいですか
BE TSU BE TSU DE MO I DE SU KA

‥ 分開付並非常態，並不是每間店都可以配合。

► next page

我可以換零錢嗎？

お金を崩してもらえますか

O KA NE O KU ZU SHI TE MO RA E MA SU KA

‧‧ 想把大鈔換小鈔的時候可以用到。

\ speak! /
詢問是否可以拍照

這是禮貌的部分，請一定要記得哦！

請問可以在店內拍照嗎？

店内での写真は大丈夫ですか

TEN NA I DE NO SHA SIN WA DA I JO BU DE SU KA

如果想要店員幫你合影留念，這句很好用哦！

請幫我拍照。

シャッターを押してもらえますか

SHA TA O O SHI TE MO RA E MA SU KA

便利商店、超市常用會話 NEW

在便利商店結帳時，往往會面臨到店員善意的詢問，尤其是使用塑膠袋的習慣可能與台灣人有所不同。可以利用這些句子順利的與便利商店的店員溝通哦！

▸▸ 日本的便利商店通常都會主動提供餐具。如果需要提供餐具的話，也可以參考 P.218 的會話教學。

\ speak! /
便利商店結帳時

店員最常詢問的語句，就是這些了！

你需要收據嗎？

レシートをご利用ですか

RE SHI TO O GO RI YO DE SU KA

► next page

你有集點卡嗎？
ポイントカードをお持ちですか
PO IN TO KA DO O MO CHI DE SU KA

你要辦一張集點卡嗎？
ポイントカードをお作りしますか
PO IN TO KA DO O TSU KU RI SHI MA SU KA

你要一次付清嗎？
一括ですか
I KA TSU DE SU KA

▸▸ 如果在便利商店刷卡，常常會被問需不需要一次付清。

如果不需要前述服務的話，記得回答不用了。

沒有。
ないです
NA I DE SU

不用了。
大丈夫です
DA I JO BU DE SU

日本現在沒有提供免費塑膠袋，如果需要的話記得跟店員購買哦！

您要購買袋子嗎？
レジ袋は購入しますか？
RE JI BU KU RO WA KO NYU SI MA SU KA

購買微波食品，並且需要店員幫忙加熱時，請說這一句。

請幫我微波。
あたためてください
A TA TA ME TE KU DA SA I

▸ next page

除了便當本來就需要加熱之外，點串燒、炸雞等熟食區的食物時，店員也會詢問是否使用微波爐加熱。

要幫你加熱嗎？
こちら温めましょうか？
KO CHI RA A TA TA ME MA SYO KA

這是因為內用跟外帶的稅率不同，所以店員會詢問在哪邊使用。

請問是內用嗎？
こちら店内で召し上がりますか。
KO CHI RA TEN NAI DE ME SHI A GA RI MA SU KA

購買酒精飲料時需要確認年齡是否已滿 20 歲。

請按年齡確認按鈕
年齢確認ボタンを押してください。
NEN RE I KA KU NIN BO TAN WO O SHI TE KU DA SA I

結帳時向店員提出需求可以使用這個句子！

可以刷卡嗎？
カードは使えますか？
KA DO WA TSU KA E MA SU KA

請附上○○給我
〜をつけてください。
〜 WO TSU KE TE KU DA SA I

常常會用到的關鍵字。

會員卡	**袋子**	**內用**	**按鈕**
ポイントカード	レジ袋	店内	ボタン
PO IN TO KA DO	RE JI BU KU RO	TEN NAI	BO TAN

附錄：便利商店的自助結帳機

自從疫情之後，日本的便利商店為了減少客人與店員之間的接觸，在結帳方式做了很大的改變，分為「半自助化」與「全自助化」。

- **半自助化**

  一樣將商品拿去櫃枱結帳，店員只幫你刷商品條碼，後半段的付款由你自己點選螢幕完成。例如：點擊螢幕上的信用卡支付，自己將信用卡插入機器。如果是點選現金支付，也是自己將鈔票銅板放到收銀機口，機器會自己收錢、找錢。

- **全自助化**

  就是一台獨立的自助結帳機，過程中完全不需店員介入，除非有需要微波加熱的食品，結帳後再拿給店員幫忙加熱。由於自助結帳機對一般人來說比較陌生，以下就快速看一下如何操作。

自助結帳機

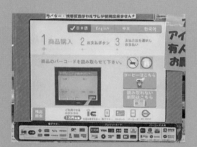

不同連鎖便利商店的自助結帳機，操作畫面也會不太一樣，有些機器會有中文、英語介面，但流程都是大同小異的。

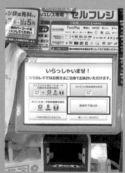

有的機器一開始會要你選擇是否有會員卡一般我們都是沒有，直接按右下角的「お持ちでない方」就好。

然後就是把商品條碼放到機器前面刷，螢幕會顯示商品名稱和金額。

有些商品條碼不好對準的，一旁也有手持式的掃條碼機可搭配使用。

需要袋子的話,旁邊通常會讓你自取,但也記得要刷一下條碼。都刷完後,找一下螢幕上大大的「お支払い」字樣按下去,表示要開始結帳付款了。

接著要選擇付款方式。一般我們就是選信用卡(認明 VISA、Master、JCB 圖樣),或是用交通 IC 卡來結帳。

各種卡別的結帳,只要把卡片放到這台小機器上,用感應或插入的方式來讀取就好。

結帳付款完成後,機器會吐出收據,就大功告成啦!

※通常自助結帳機是不收現金的,你可以用台灣的信用卡或日本「Suica」(西瓜卡)、「PASMO」交通卡付款。
而 Apple Pay、Line Pay 等電子支付,雖然名稱與台灣一樣,但在日本是不通用的。
目前所知,聯邦銀行的吉鶴卡,可以讓你綁定 Apple Pay 在日本付款,但付款方式請選擇「QUIC Pay」。(認明大大的 "Q" 圖樣)

如果在居酒屋認識了日本人，可以用以下日語來做簡單溝通。算是交朋友用的國民外交句子！

\ speak! /
國民外交常用會話 〜〜〜〜〜〜〜〜〜〜〜〜〜〜〜〜

> 拍照、傳照片常常會用到。

可以跟你一起拍照嗎？
一緒に写真を撮ってもらえませんか
I SYO NI SHA SIN O TO TE MO RA E MA SU KA

我們來換個 LINE 吧！
ライン交換しましょうか
RA IN KO KAN SI MA SHO KA

我傳照片給你喔！
写メをお送りします
SHA ME O O KU RI SHI MA SU

> 最最常用到的就是「我來自台灣」這句了！務必學會！

我來自臺灣。
台湾人です
TA I WAN JIN DE SU

你來自日本的哪邊呢？
出身はどこですか
SYU SIN WA DO KO DE SU KA

> 正在學習日文的人，去日本時可以把握機會練習對話。

我在學日語。
日本語を勉強しています
NI HON GO O BEN KYO SI TE I MA SU

請多教我一些日語。
いろいろ日本語を教えてください
I ROI RO NI HON GO O O O SHI E TE KU DA SA I

230

如果有什麼不吃的食材，在預定住宿的時候，請務必要寫封信跟旅館說明，這樣他們才有辦法準備最適合的餐點。當然如果會講日文的話，打電話過去用講的也是不錯的方式。

\ speak! /
預約、詢問用會話

中間的內容請依照自己的需求來書寫，但信件的開頭語與結尾是必備的哦！

我有事情想要請教。
伺いたいことがあります
U KA GA I TA I KO TO GA A RI MA SU

我不吃生食，可以請你換成熟食嗎？
生ものは食べませんので、火の通ったものにしてもらえますか
NA MA MO NO WA TA BE MA SEN NO DE, HI NO TO TA MO NO NI SI TE MO RA E MA SU KA

我不吃牛肉，如果有使用到牛肉的料理，能請你換成其他食材嗎？
牛肉は食べませんので、もし牛肉の料理がありましたら、他のものにしてもらえますか
GYU NI KU WA TA BE MA SEN NO DE, MO SHI GYU NI KU NO RYO RI GA A RI MA SHI TA RA, HO KA NO MO NO NI SHI TE MO RA E MA SU KA

請問有停車場嗎？
駐車場はありますか
CHU SHA JO WA A RI MA SU KA

請多多指教。
よろしくお願いします
YO RO SHI KU O NE GA I SHI MA SU

231

MEMO

2AF685

日本點餐完全圖解【新品追加版】：看懂菜單╳順利點餐╳正確吃法，不會日文
也能前進燒肉、拉麵、壽司、居酒屋 10 大類餐廳食堂

作　　　者	酒雄
責任編輯	陳嬿守、曾曉玲、林亞萱
版面設計	張庭婕 TJ
插畫設計	小寒六 HsiaohanliuDesign
封面設計	走路花工作室
行銷企劃	辛政遠、楊惠潔
總編輯	姚蜀芸
副社長	黃錫鉉
總經理	吳濱伶
發行人	何飛鵬
特別感謝	俺達の肉屋 協助拍攝
出　　　版	創意市集
發　　　行	城邦文化事業股份有限公司 歡迎光臨城邦讀書花園 www.cite.com.tw

香港發行所　城邦（香港）出版集團有限公司
　　　　　　香港灣仔駱克道 193 號
　　　　　　東超商業中心 1 樓
　　　　　　Tel：(852) 25086231
　　　　　　Fax：(852) 25789337
　　　　　　E-mail：hkcite@biznetvigator.com

馬新發行所　城邦（馬新）出版集團
　　　　　　【Cite(M)Sdn Bhd】
　　　　　　41,Jalan Radin Anum,
　　　　　　Bandar Baru Sri Petaling,
　　　　　　57000 Kuala Lumpur, Malaysia.
　　　　　　Tel：(603) 90563833
　　　　　　Fax：(603) 90576622
　　　　　　E-mail：services@cite.my

印　　　刷	凱林彩印股份有限公司
三版一刷	2023 年 1 月
I S B N	978-626-7149-37-9 Printed in Taiwan.
定　　　價	400 元
版權聲明	本著作未經公司同意，不得以任何方式重製、轉載、散佈、變更全部或部分內容。
商標聲明	本書中所提及國內外公司之產品、商標名稱、網站畫面與圖片，其權利屬各該公司或作者所有，本書僅作介紹教學之用，絕無侵權意圖，特此聲明。

如何與我們聯絡：

1. 若您需要劃撥購書，請利用以下郵撥帳號：
　 郵撥帳號：19863813
　 戶名：書蟲股份有限公司

2. 廠商合作、作者投稿、讀者意見回饋，請至：
　 FB 粉絲團：https://www.facebook.com/innoFair
　 E-mail 信箱：ifbook@hmg.com.tw

3. 若書籍外觀有破損、缺頁、裝訂錯誤等不完整現象，想要換書、退書，或您有大量購書的需求服務，都請與客服中心聯繫。

客戶服務中心

地　　　址：10483 台北市中山區民生東路二段 141 號 B1
服務電話：（02）2500-7718　　（02）2500-7719
服務時間：週一至週五 9:30 ～ 18:00
24 小時傳真專線：（02）2500-1900 ～ 3
E-mail：service@readingclub.com.tw

國家圖書館出版品預行編目資料

日本點餐完全圖解【新品追加版】：看懂菜單╳順利點
餐╳正確吃法 / 酒雄著 . -- 臺北市：創意市集出版：城邦
文化事業股份有限公司發行 , 2023.01
　面；　公分

ISBN 978-626-7149-37-9(平裝)

1.CST: 餐廳 2.CST: 餐飲業 3.CST: 日本

483.8　　　　　　　　　　　　　111016843